卷首语

《住区》本期的主题是"住区环境设计"，这是目前社会关注的热点话题。环境设计涉及的范围很广，有住区物理环境、人文环境，也有住区室外环境、室内环境等。

《住区》以务实的态度关注人居中的环境问题。本期刊登的主题文章是基于实地调研考察基础上的用心之作。如"GIS在居住环境研究中的应用"一文，作者运用GIS系统的分析手段，对日本某居住环境进行调查研究。GIS系统为建筑设计提供了理性依据，它不仅使居住环境数据化、视觉化，还通过把握人口分布状况和物理空间环境的构成因素之间的相互关系，对今后的城市建设、地区开发规划，旧区改造等提供环境预测和分析，为城市的规划设计和开发部门提供系统科学的理论依据和一种分析解决问题的办法。

"关于住区匀质空间的环境考察"一文以新锐的视觉对目前在开发和建筑设计领域中出现的"匀质空间"进行了客观的认识与评价，有很强的现实意义。文章分析了"匀质空间"与传统"行列式布局"的差异。作者通过对建成小区的实地调查，将意想设计与实际使用情况进行对比分析，体现了建筑师强烈的责任感。建筑作品尤其是住宅，应为居住者提供舒适、便捷、亲切的高品质的居住环境，在此环境中人得到尊重和满足。

本期的地产项目报道了深圳大学建筑系师生近几年的研究成果与实践作品。深圳大学建筑系的师生在特区独有的氛围中，不断寻求"建筑师的职业追求"与"市场经济约束"这两者间的平衡点。其实建筑设计是一门带艺术性的实用技术，建筑师只有在接受市场，适应市场的前提下，才能逐渐把握市场、引导市场；只有成熟健康的市场环境，才能酝酿有思想有见地的执业建筑师。这条路需要建筑师一步一步走下去。但是，不管任何阶段、任何情况下，对建筑师而言，始终不变的是追求环境与人的良好对话关系。

住区环境设计是一个涵盖面很广的课题，《住区》一期的探索和关注犹如沧海一粟，我们会持续地关注"环境与人"这一课题。

NO.6 02/2002

图书在版编目（CIP）数据
住区.6，住区环境设计／清华大学建筑设计研究院等编.－北京：中国建筑工业出版社，2002
（中国住区设计研究丛书）
ISBN 7-112-05040-5
Ⅰ.住… Ⅱ.清… Ⅲ.居住区－建筑设计－环境 Ⅳ.TU241
中国版本图书馆CIP数据核字（2002）第014206号

开本：889X1194毫米 1/16 印张：6 1/4
2002年6月第一版 2002年6月第一次印刷
定价： 25.00元
ISBN 7-112-05040-5
TU·4492（8710）
中国建筑工业出版社出版、发行（北京西郊百万庄）
新华书店经销

北京利丰雅高长城印刷有限公司制版
北京佳信达印刷有限公司印刷
本社网址：http://www.china-abp.com.cn
网上书店：http://www.china-building.com.cn

目录

住区

COMMUNITY DESIGN

主办：中国建筑工业出版社
联合协办：清华大学建筑设计研究院
银都国际集团有限公司
中国房地产市场杂志社

编辑部地址：北京百万庄三里河路9号
中国建筑工业出版社412室
编辑部电话：010-68393652
010-68394672
传真：010-68334844
邮编：100037
电子信箱：zhuqu412@yahoo.com.cn
广告代理：北京石桥广告公司
广告电话：010-65025849
广告传真：010-65045052

CONTENTS

Environment Design for Commnity

Landscape/ Interior / greenary

编者按

住区环境设计是一个很大的课题，本期的文章从各自的层面对环境问题进行了探索。有从环境研究方法和手段入手，有从建成环境的使用情况的调研入手，有从住区室外物理环境方面介绍入手。层面很多，但是目的只有一个：建立环境与人的良好对话关系。

■主题报道

住区环境设计

刘志峰 By Liu zhifeng

面向百姓　面向未来
——促进住宅与房地产业的持续健康发展

一、住宅建设与房地产业发展的基本形势

世纪之交，以住房分配制度改革的历史性突破为契机，我国住房制度改革进入到了建立适应社会主义市场经济要求的住房新体制的关键时期，住宅建设进入到了全面提高居民居住质量和形成国民经济支柱产业的关键时期。这是一次任务更为艰巨、意义更为重大的新转折。主要表现在：

1.住宅市场化进程加速，以市场配置住房资源为主的城镇住宅建设新机制正在形成。推进住房商品化、发育住宅市场体系和发挥市场机制的作用是房改的重要任务。我国住宅市场化进程在20世纪90年代中后期以来加速发展，到本世纪初，市场机制已经在住房资源配置中开始发挥重要作用。从存量住房看，通过公有住房向城镇居民个人出售，居民住房自有率已经达到80%左右，基本形成了以个人产权为主体的住房产权结构。随着住房二级市场的全面开放，一个以市场评价住宅价值、分配住宅资源、实现住宅机益的新体系正在形成。从新建住房看，个人购买商品住宅的比例已经接近94%，促进了房地产市场的持续升温。其他方式的建房如单位组织职工集资合作建房中，个人出资比例也越来越高，逐步向成本价和微利价靠近，市场化程度越来越高。总体而言，市场机制在配置住房资源中的作用正不断加强、范围越来越大；市场供求关系在产业发展中日益发挥基础性作用。

2.住房分配制度改革逐步推开，带动了住房体制的整体转轨。住房分配制度改革是市场化改革的先导，也是住房领域一切变革的中心环节；城镇居民直接进入住房市场，成为住房消费的主体，是彻底变革住房福利制度、完善房地产市场体系的最终推动力。1998年底开始，各地停止了住房实物分配，逐步实行住房分配货币化，着重理顺单位和职工在住房问题上的关系，职工直接进入住房市场解决住房问题。根据住房市场主体变化和市场消费需求，我们初步建立了新的住房供应体系，房地产中介服务业务加速发展，住房金融服务不断创新。同时，各级政府在进一步明确产权制度、完善市场功能、转变管理方式等方面做了大量工作。制定了市场交易规则，初步规范了市场秩序；对住房管理手续繁杂、收费多等问题进行了初步清理；调整了住房买卖及住房租赁的税收政策，一定程度上改善了住房消费环境。

3.城镇居民住宅需求正在发生重要变化，对今后一段时期住宅建设将产生重要影响。城镇居民收入水平的不断提高促进了消费结构升级，引起了住宅需求重点的转移。2000年，我国城镇居民消费的恩格尔系数已经下降到40%以下，人民生活总体上达到小康水平，居民消费需求重点已经转向住、行和教育等方面。居民消费结构的升级转型，将较大幅度地提高住房消费在居民消费中的比例，增加住房消费的总量。《国民经济和社会发展第十个五年计划纲要》提出，向更加宽裕的小康生活迈进，要进一步提高城乡居民吃穿用消费水平，增加城乡居民居住面积，提高住房和环境质量。2001年，我国城镇人均住宅建筑面积约21m²，户均住宅建筑面积超过65m²，初步满足了基本居住需求，居民对居住质量如住房功能、住房环境和综合配套水平提出了更高要求。

4.住宅与房地产业在国民经济中的地位基本确立，并将逐步发展为国民经济的支柱产业。过去的四个五年计划期间，尽管年度波动较大，但平均看，住宅投资增长速度都明显高于同期GDP的增长速度，为GDP增长做出了重要贡献。特别是1999～2001年，全国房地产开发投资增长率逐年加大，分别达到13.8%、19.5%和25.3%，在启动居民消费、控制通货紧缩趋势，保持国民经济持续增长中发挥了积极作用。2000年，城乡住宅投资7594亿元（其中城镇5435亿元、农村2159亿元），占GDP的8.49%，占全社会固定资产投资的23.28%。据国家统计局有关专家按市场法和成本法两种办法初步估算，城镇住宅与房地产业增加值约5400亿元，占GDP比重约6%左右。2000年GDP增长中，投资增长（9.3%）贡献41.94%，其中房地产开发完成投资增长占固定资产投资增长额的30%，仅房地产开发投资增长一项，可拉动GDP增长约1个百分点，诱发建筑业、制造业、采矿业等几十个相关产业产出增加共2700亿元左右。

5.住宅建设具备持续发展的基础，房地产业具有广阔的市场潜力。首先是城市化进程不断加快所带动的自然需求。城市化与住宅建设具有非常密切的关系。住宅是城市最重要的功能要素之一，随著城市经济发展和城镇人口增加，住宅需求和住宅消费必将随之扩大。据有关部门预测，2010年中国城市化水平将达到45%左右，每年增加0.8～1个百分点，城镇人口达到6.3亿，比2000年净增1.7亿。按照60%的新增人口需要解决住房问题或改建住房，按届时人均住房建筑面积25m²计算，要新建住宅25.5亿m²建筑面积。为改善现有居民的住房条件，按现有居民（4.6亿）人均住房面积增加4.5m²，需增加住宅面积20.7亿m²。考虑每年有1亿m²的旧房拆建，还要增加10亿m²的新住宅。其次，从城镇居民消费潜力方面看，2000年我国城镇居民居住消费占消费支出的比例还不到10%，低于同样恩格尔系数国家9个百分点左右，进一步扩大城镇居民消费仍具有较大空间。总体上看，住宅建设总量仍需要持续快速增长，房地产市场在较长时期内总体向好的趋势不会逆转。

二、新时期住宅建设与房地产业发展的指导思想

随着住宅建设总量达到一个新高度，以及住宅与房地产业在国民经济中的产业地位逐步提高，住宅建设与国民经济的关系日益密切。保持住宅与房地产业的持续健康发展，是当前住宅建设工作的最基本的指导思想。同时，从住宅与房地产业发展的历史经验看，也必须把保持住宅建设的持续建康发展，作为制订产业政策和法律法规、安排改革部署、确定调控措施的指导思相。在市场机制逐步发挥基础性作用、住宅投资基数较大和住房体制转轨的关键时期，更应保持清醒的头脑，努力避免市场"过热"与"过冷"。

近几年来，我国住宅建设和房地产市场总体上是健康的，始终保持较好的发展势头。但是必须看到，当前也存在一些值得注意的问题：一是受停止住房实物分配的政策性影响，城镇住宅竣工面积和城镇住宅投资在1998和1999年高速增长，基数较大，近两年来增幅有较大下降。如何保持社会化的住宅建设，特别是房地产开发的适当增幅，减轻单位逐步退出建房投资对城镇住宅建设总量的不良影响，是保持住宅建设持续健康发展的一个重要课题。二是部分地区房地产开发结构与市场结构脱节，盲目兴建高档公寓、别墅、办公楼，适应中低收入居民家庭的低价位商品房、经济适用住房供应不能满足需要，造成个别地区出现了住房供应的结构性短缺和结构性的商品住宅平均价格涨幅过大，增加了住房货币化改革的难度，不利于解决城镇居民尤其是中低收入居民家庭的住房问题，制约住房消费的增长，不利于住宅建设的持续发展，必须密切关注。三是一些城市存在新开工面积增长过快、开发规模过大、土地供应过量等问题。2001年1～11月份，全国35个大中城市中，有6个城市的新开工面积超过50%，其中一个城市超过100%、已批土地超过了前5年已开发土地的总和。部分房地产开发企业自有资金不足，依靠银行贷款、施工企业垫资和拖欠材料款进行开发，据对重庆、郑州等7个城市的调查，开发企业拖欠工程款占工程款总额的40%，一旦项目销售不畅，将引发连锁反应，隐含一定的风险。这说明，尽管房地产市场总体上是健康的，但在局部地区也有"过热"的苗头。四是房地产市场秩序还很不规范，影响居民住房消费的信心，抑制了住房需求的增长，产生了极为恶劣的社会影响，严重损害行业的整体形象。五是住宅生产方式落后，住宅建设的质量通病长期得不到有效解决。对住宅产业化工作重视不够，影响住宅适用性能的一些基本问题长期存在，难以适应住房需求特点不断变化的形势。这些问题，有些是体制转轨时期的问题，有些是发展过程中的问题，但归根到底，是市场主体不够成熟、市场机制不够完善、政府调控手段落后等问题的综合反应。

保持住宅建设持续健康发展的根本保证是坚持以需求为中心。我国城镇住宅建设已经进入了以需求为导向的发展阶段，市场在住房资源配置中的基础性作用正在形成，决定住宅建设和房地产业发展的主要因素就是市场供求关系。供求关系决定了市场发展的基本方向，是市场发展的根本力量。在供给与需求之间，需求是决定的因素；在投资需求与消费需求之间，消费需求是决定因素。住宅市场供求的均衡或者说住宅成交量、住宅市场的规模，归根结底是由有效需求决定的。城镇居民有支付能力的需求，决定了房地产市场的结构、规模和发展水平，住宅建设和房地产业只有在不断满足居民住房需求的过程中才能得到发展。

以需求为中心，要求我们做好三个层次的工作，即培育需求、保护需求和刺激需求。首先要培育需求，也就是提高城镇居民的住房支付能力，要把扩大内需和培育需求相结合，提出培育和保护老百姓的购买力就是培育和保护内需。在住宅与房地产业发展中，关键是要把住房补贴制度和住房公积金制度尽快建立起来，把住房补贴尽快发放出去。其次，要保护需求，即保护居民住房消费的积极性。这里，价格是核心。价格的急剧变动、大起大落，难以产生稳定的消费预期，都将影响居民的消费信心，不利于保护住房需求。但在房价问题上，当前的主要问题仍然是部分地区房价过高，超越了普通城镇居民的支付能力。要注意控制投机需求、鼓励投资需求、保护消费需求，安排好住宅供应结构，加大面向中低收入居民家庭的经济适用住房供应。第三，还要刺激需求。刺激需求的中心工作仍然是继续改革影响居民住房消费的体制障碍，改善消费环境，创新服务品种，提高服务质量。同时，必须控制房价。经济学的需求定律，既是其他商品市场的基本定律，也是房地产市场的基本定律。

坚持以需求为中心，要求住宅建设必须面向百姓、面向未来，把"两个面向"作为住宅建设的出发点和立足点。面向百姓，就是面向现实的有效需求，面向各种不同需求层次消费者的需要，改变目前存在的面向高收入阶层、赚取高额利润的开发倾向。从居民收入分配结构角度分析，从政府住房政策的关注重点看，住宅需求的主体是普通中低收入居民家庭，住宅供应也必须以大众化的普通住宅为主体。否则，住宅与房地产业的发展必然是无本之木、无源之水。因此，住宅建设要面向广大的中低收入居民家庭。只有立足于中低收入居民家庭，把他们的住房消费积极性充分调动起来，房地产市场才是真正有前途的市场，住宅建设和房地产业发展才级是持续健康的。面向未来，就是面向需求特点的变化，面向需求趋势，大力推进住宅产业现代化，全面提升住宅品质。通过加快推进住宅产业现代化，要提高各类住宅建设特别是普通住宅的质量和功能水平，提高住宅建设的生产率，并千方百计地降低造价。住宅产业现代化决不能成为高档住宅的一个"卖点"和点缀。在通过全面提高住区规划、住宅设计、建造质量、环境营造、配套设施和社区服务水

平，打造住宅精品的过程中，中国住宅市场更需要的是大众精品楼盘，而不是面向少数高收入的高档精品楼盘。住宅使用寿命长，住宅质量关系百年大计，必须有长远的可持续发展的眼光，有为居住者长期负责的意识。面向百姓、面向未来，本质上要求住宅建设工作要针对小康社会初期居民的住房需求特点，着眼于提高全体居民的居住条件。其中，发展经济适用住房，努力改善广大中低收入居民家庭的住房条件，是党中央、国务院非常关心的一个问题，是新时期住宅建设指导思想的结合点，是住宅建设工作的重点。"两个面向"是新时期住宅建设指导思想的具体表现，是深入贯彻落实江泽民同志"三个代表"重要思想在住宅建设中的集中体现。

三、抓住重点，努力开创住宅与房地产工作新局面

新时期住房制度改革和住宅建设的根本目的，是适应全面建设小康社会的新形势，继续增加城镇居民住房面积，提高住房质量和综合配套水平，在满足城镇居民不断提高的住房需求过程中，把住宅与房地产业发展成为国民经济的支柱产业。实现上述目的，要依靠加快建立和完善适应社会主义市场经济要求的城镇住房新体制，形成住宅建设持续健康发展的运行机制与管理机制。

针对住房体制和住宅建设转轨时期的突出问题，当前要重点抓好以下几项工作：

1.大力整顿市场秩序，把搞活市场与规范市场相结合，努力开创房地产市场自我约束、自我发展的新局面。整体上看，尽管住房市场体系已经初步建立，特别是作为重要环节的二级市场已经在全国范围内开放，但"放而不活"的问题仍很突出，从进一步改进服务入手，争取更加积极的财税政策，努力搞活市场仍然是当前的工作重点之一。2001年，上海市新建商品房销售量达1767万m^2，存量住房交易1031万m^2，登记备案的出租住房达1036万m^2。沈阳、南京、宁波、杭州等城市存量住房交易增长幅度也很大。从他们搞活市场的情况看，关键是政府降低了税费、改进了服务、提高了办事效率，中介机构得到了规范和发展，为居民创造了一个良好的消费环境，做到了让居民放心买房、买放心房。

但搞活市场，一定要避免"一放就乱"，而要做到"活而有序"。整顿和规范市场秩序，也是搞活房地产市场的重要组成部分。针对当前存在的问题，建设部将采取以下措施予以解决：首先，进一步严格企业资质审查制度、加快实施对从业人员的职业资格认证，严把市场准入关，从源头上加强管理。其次，通过健全法制和严格执法，进一步规范市场行为。加快论证《房地产经纪管理规定》、《物业管理条例》等针对当前市场反映较为强烈问题的法律法规，进一步完善《商品房广告管理办法》等有关文件，加强对《商品房广告管理办法》及预售管理、测绘管理等规定的执法监察。第三，建立市场清出机制，严厉打击炒买炒卖土地、虚假广告等扰乱市场秩序的行为。要下决心取消一批违规企业的资质或个人的从业资格，以儆效尤。第四，继续深入开展"放心房"、"放心中介"承诺活动，培育企业信用，鼓励和扶持品牌企业，形成诚实守信的市场氛围。第五，争取工商管理、宣传等有关部门配合，加大市场监管力度，形成强大的舆论监督和社会监督。

此外，还要加强行业协会建设，提高行业协会的人员素质，理顺行业协会与政府的关系，培养行业协会自立、自强、自律观念，切实发挥行业协会的作用。

2.积极推进住宅产业现代化，把促进住宅总量持续增长与全面提高住宅建设质量相结合，努力开创住宅建设新局面。全面建设小康社会时期的住房问题，一方面仍然是居住面积的持续增加；另一方面则是居住质量的较大改善。住宅建设总量的持续增长仍然是今后一段时期住宅建设的重要特征，特别是当前住房苦乐不均现象还普遍存在，相当比例的家庭住房水平还低于平均状况，300多万户家庭还居住在危旧住房中，150多万户家庭无房或居住拥挤，30多万户家庭人均居住面积在4m^2以下。需要加快危旧房改造的步伐，进一步增加住房总量。但总体看，住宅建设质量将逐步上升为主要矛盾，住宅规划设计水平、住宅性能和品质等问题将成为新时期住宅建设的主要问题，必须大力推进住宅产业现代化工作。

抓好住宅产业现代化，是各级建设行政主管部门和企业的共同任务。首先要在思想认识上有个根本性的转变。住宅产业现代化的任务，是通过住宅建设工业化、集约化和信息化的途径，实现住宅生产方式由粗放型向集约型的根本转变，从而提高城镇住宅建设整体水平，重点是提高普通住宅建设的水平，让广大普通居民得到实惠。其次，必须加强领导，做好部门间的协调配合。住宅产业现代化工作涉及很多方面，在整个推进过程中，都必须十分重视与相关职能部门的协调沟通。第三，要加快研究、出台推进住宅产业现代化工作的经济政策和技术政策。发挥经济政策的导向作用，利用税收、价格、信贷等经济杠杆，鼓励技术创新和体制创新，促进产业结构调整、淘汰落后的技术与产品，形成市场化的自我创新、自我完善和自我发展的机制。第四，要统筹规划、突出重点。要结合当地住宅产业现状，确定推进住宅产业现代化的目标和步骤，集中力量、分布实施。当前要重点抓好关键技术的突破完善与技术集成工作。质量通病问题，群众反映很强烈，要采取有效措施，认真研究解决。此外，要过继续抓好康居示范工程，逐步推行住宅性能和住宅部品认定制度，扶持和引导住宅产业集团的发展等具体措施，多种方式推进住宅产业现代化。

3.加大经济适用住房建设力度，加快建立廉租住房制度，努力开创住房保障制度建设的新局面。发展经济适用住房，建立经济适用住房供应体系，应该明确以下几个问题：首先，经济适用住房以保障中低收入居民家庭的购房需要为根本目的，除国家下达指令性计划的经济适用住房建设外，其他面向中低收入居民家庭、享受经济适用住房政策的住房建设，如单位集资建房及住宅合作社建房，也要纳入经济适用住房建设的范畴。其次，经济适用住房建设要与本地区房价收入比高低、住房补贴水平、居民住房供求关系状况及住房二级市场发育水平等因素统筹考虑，以保障需求为宗旨，合理安排经济适用住房在住宅建设中的比例。第三，要在实践中不断探索对中低收入居民家庭购房支持方式的多样化，既可以采取补"砖头"的方式，也可以采取补"人头"的方式。江苏省南通市按照商品房价与经济适用住房价格的差额，由政府对购买商品房的中低收入居民家庭发放补贴，由这些家庭到市场购买商品住房。虽然没有直接进行经济适用住房建设，但解决了这些家庭的住房保障问题，还有利于保证市场的统一性，应继续探索和完善。第四，要进一步落实经济适用住房建设的配套政策和加强制度建设。目前，一些城市政府担心发展经济适用住房会影响政府收益，国务院及有关部门规定的免征土地出让金、减半征收有关税费的政策得不到很好落实。一些城市经

济适用住房建设标准和购买标准控制不严，购买对象的申请审核和审批制度未真正建立，管理不到位。应该提高认识，切实把这项制度建设好、把经济适用住房建设的有关政策落实好。此外，要继续规范和发展住宅合作社，解决好"夹心阶层"（无能力购买经济适用住房，同时又达不到廉租住房申请条件的居民家庭）的住房问题。

廉租住房制度建设对于保持社会安定意义非常重大，是建立低收入居民社会保障制度的重要内容。当前各地政府在社会保障工作中基本做到了"两个确保"，但在住房问题上，面向城镇最低收入居民家庭的廉租住房制度建设进展缓慢，没有得到应有的重视，必须提高认识，加快推进。廉租住房制度建设要重点抓好两项工作：首先是完善制度。上海、北京、成都、南京等地采取"房租补贴为主、实物配租为辅，对现住公房家庭的廉租对象减免租金"的办法，初步建立了能够适应不同保障对象具体情况、较为完善的廉租住房制度。这种办法灵活性强，补贴额可以随职工家庭收入变动及时进行调整，容易形成退出机制；同时针对性强，根据家庭实际收入情况确定补贴额，体现了保障的公平性，降低了住房保障成本；另外还可以有效利用现有存量住房资源，推动住房租赁市场的发展，反保障机制融入到市场体系建设之中。其次，要以公共财政为主，多方筹集资金，建立稳定、规范的廉租住房资金来源渠道。当前大部分地区利用住房公积金增值收益启动了这项工作，但必须明确住房保障是政府的职能，保障的本质是政府的社会化保障，保障支出的基本来源应该是公共财政预算支出。

4.以进一步加强和完善住房公积金管理为中心，把发展与创新相结合，开创政策性与商业性住房金融互为促进、互为补充的新局面。发展住房金融是扩大住房需求、提高居民购房支付能力的重要手段，在促进住宅建设和解决居民住房问题中具有非常重要的作用。但单一的商业性住房金融不可能很好满足中低收入居民家庭的贷款需要，建立政策性和商业性并存的住房金融体系是市场经济国家的普遍选择。1998年以来，我国住房金融业务快速发展。到2001年底，个人住房贷款余额已经达到5568亿元，是1997年的28倍多；占各项贷款余额的比重达到6.9%，个别银行分支机构已超过20%，接近国际一般水平；消费性贷款余额已首次超过开发贷款余额，实现了住房金融结构的重大调整。这里，我着重强调一下政策性住房金融问题。

我国的住房公积金制度是借鉴新加坡经验，结合我国国情，为解决我国居民住房问题而创立的政策性住房融资制度，是中国住房制度改革的一项创举。为保证住房公积金制度的健康发展，首先要进一步加强住房公积金管理。重点是加强住房公积金管理委员会建设，健全住房公积金管理委员会决策监督机制；强化国家和省级建设行政主管部门对住房公积金管理和使用的行政监督；落实城市住房资金管理中心对本地区住房公积金的统一管理；提高住房公积金的使用效率。与此同时，要配合有关部门在以下几个方面进行更加积极的探索。首先，要进一步研究住房抵押贷款证券化问题，为开辟住房金融二级市场、保障贷款资金供应做好理论和技术储备。其次，要通过建立住房抵押贷款担保、保险体系，健全住房公积金管理中控制和化解风险的机制，合理转移和控制贷款风险。第三，要进一步研究贷款品种创新问题，适时推出等比递增或递减还款、分段调整还款额、不定额还款等还款方式，满足不同年龄层次、不同收入水平贷款人的需要。第四、要通过加强宣传、完善服务等措施，努力提高住房公积金的使用率，减少资金沉淀，切实发挥公积金制度在解决中低收入居民家庭住房问题中的作用。

5.以落实住房补贴资金来源为重点，切实推进住房分配货币化改革，努力开创住房分配制度改革工作的新局面。住房分配货币化改革是建立新体制的中心环节，意义十分重大。经过3年多的努力，我国住房货币分配的政策框架已经基本建立，从明确住房补贴资金来源、确定住房补贴发放管理方式到建立职工家庭住房档案等制度建设工作基本完成，应该说，我们在住房分配制度改革工作中已经迈出了重要一步。但从面上看，住房分配货币化工作进展很不理想。当前的工作重点是积极落实补贴资金。国务院有关部门已经明确和规范了机关、企事业单位的住房补贴资金来源渠道，关键是落实不够。补贴不落实，补贴资金不能及时发放，不仅不能处理好新老职工住房利益上的关系、影响社会安定；同时也抑制了住房需求的扩大，影响了住宅建设的持续健康发展。要根据有关文件要求，下功夫做好机关事业单位住房补贴资金的划转、落实工作 做好企业和自收自支事业单位补贴资金进成本政策的落实。另外，切实抓好对出售公有住房回收资金的清理整顿，尽快解决老职工一次性补贴问题。

6.转变政府职能，把改革审批制度与提高管理及服务水平相结合，努力开创政府管理和调控房地产市场的新局面。适应加入WTO的形势要求，房地产管理部门正严格按照国家的统一部署，抓紧行政审批项目的分类清理，加快推进行政审批制度改革。再次，要坚决推进政企分开，与房地产主管部门有隶属关系的各类企业，包括各类中介机构，要彻底脱钩。

在做好"减法"的同时，要做好"加法"。首先要加强市场监管工作，彻底改变过去"重事前审批、轻事后管理和监督"以及"审批时千难万难、审批后不管不问"的状况。今后，要更加注重管理和监督，而不是审批。其次，要加强对市场的宏观调控。当前的主要任务是，合理确定建设用地的供应量及各类建设用地的供应比例和供应方式，研究建立市场预警机制，加快完善市场报告和信息披露制度，强化城市规划和土地供应管理，依法清理尚未开工建设的项目用地，打击炒买炒卖行为，综合运用土地供应、城市规划、财税、金融等各种调控手段，努力保持总供给与总需求，以及供需结构的平衡，实现产业的持续快速健康发展。另外，要加快立法工作，规范执法行为。我国已经初步形成了以《城市房地产管理法》为龙头，以《城市房屋拆迁管理条例》、《城市房地产开发经营管理条例》、《住房公积金管理条例》、《城市私有房屋管理条例》等行政法规为主体的房地产法律法规体系。但有关住宅建设、使用、管理的法律（住宅法），有关物业管理的法律，有关不动产物权的法律（物权法），有关房地产金融的法律等，都是现行法律体系所欠缺的。同时，必须认真解决执法不严、有法不依问题，摒弃以行政干预代替法律、以权代法和以言代法等习惯做法，坚决打击以权谋私、执法犯法行为。

作者单位：中华人民共和国建设部

摘要：文章从四个方面阐述了住区景观设计需要考虑的内容，即景观的"整体性"设计、景观的"时间性"设计、景观的"人性"设计以及景观的"生态性"设计。并希望可以对住区户外环境质量的评估起到参照作用。

Abstract: *This article presents the four considerations for the landscape design of the settlement, i.e., the holisticness of the landscape design, the timeliness of the landscape design, the humanity of the landscape design and the ecologicness of the landscape design. It is also willing to serve as the reference for the evaluation of the exterior environment of the settlement.*

萧 晶 By Xiao jing

现代住区景观设计构架浅析

住宅的建筑风格和户外环境是整个住区最直接形象的外在表现，人们习惯于通过对其外在形象的评价，来感知和判断住区的格调和品质。如何形成优美的户外环境？这决不是单纯地种植花草可以做到的，而需要对住区环境进行系统而完整的专业景观设计。随着这种意识的深入人心，开发商开始把景观作为其销售的一大卖点。在理念的炒作上更是不惜余力，从欧洲的小镇风情到美洲的海岸阳光，从江南的小桥流水到巴厘岛的椰风树影，似乎要把世界各地的风光美景都搬到几公顷的住区中。这样，往往出现两种结果：一是过于简陋，名不副实；二是过于豪华，把住区环境做成了舞台布景或是类似于主题公园的微缩景观。前者让消费者有受骗上当之嫌，后者则忽视了住区中居住、生活的第一需求。二者失败的关键在于没有把握好一个"度"字。其实在住区景观设计中加入一些异国情调的元素或设定一个主题风格本无可厚非，但需要在超前的理念和实际情况间找到一个平衡点，并通过具体的设计工作加以落实。以下针对住区景观设计所需要考虑的内容进行了大致的分类和总结，并形成了基本的研究框架，希望可以对住区户外环境质量的评估起到一定参照作用。

一、景观的"整体性"设计

1．风格定位

如今，人们买房并不仅局限于购买一套公寓，而是买进整个社区以及社区中与外部不同的生活方式。住区环境就是开发商所推崇的这种生活方式的最直观的诠释，所以其景观风格定位与整个住区的开发理念息息相关。当你把住区定位在时尚、健康、优雅的国际社区时，却照搬照抄来16、17世纪古典庭园或沿用其设计手法，其效果可想而知。优秀的景观设计应与建筑规划融为一体，甚至在材料和母题的选择上都互有呼应，由此形成整个住区特有而鲜明的自身风格。

2．空间形态的设计

（1）高程变化

住区基地的高程变化可以产生有趣的景观效果，使其在立体层次上更为丰富。对于原有地形就有高程变化的基地，需要在规划中因势利导充分利用；对于较为平坦的基地可以适当地进行一些土方调配，形式有台地园、下沉式广场等，有意识地在高程上寻求一些突破。现在的大型住区在修建半地下车库时，往往会遇到中间地块局部抬高的问题，需要通过一些具体的景观设计手法来柔化这种生硬的交接关系。

（2）节点处理

整个住区户外环境应通过网络状步行系统进行划分，在住宅出入口、会所周围以及主要组团内部形成规模不一的"节点"区域，为交通组织、公共交往和休闲活动提供必要的场所。因为这是户外环境中人使用频率最高的地段，所以比较住区中的其他空间，"节点"的景观处理会更加精细。但是这种精细程度也应该根据景观或功能的需求程度再进行一种层次上的划分。

（3）道路景观

住区的交通系统是车行系统和绿色步行系统的叠加，呈网络状分布。从美学角度说，与直线型道路相比，曲线型道路所呈现的是不对称的画面构图，随着视点的移动，景观逐渐展示出来，因此更具有含蓄美。住区内主干道呈现一定的曲度不仅对景观有益，局部还可以结合绿化增设地面停车位，如果高程上再增加变化，视觉效果会更加突出。景观步道和宅前道路更需要在线型处理上精心设计，但是过多的曲折变化反而会产生矫揉造作的感觉。道路两边的植物配植手法可交替使用，或贴近密植，形成林荫道的景观，或远距种植，形成以乔、灌木为背景的有层次的缓坡景观。

3．底面设计

住区景观设计中，应侧重考虑人步行时对周围环境的感知。人在行走过程中，视线向下偏离10°，表现在总注视眼前的地面、人和物以及建筑的底部，所以更需要强调底面设计的细部处理。

（1）建筑底层的处理

首先，人进出建筑时使用最多的就是门，所以住宅建筑的出入口的处理十分重要，材料质感和色彩的变化，栏杆、线脚的运用，植物的搭配都可以达到减小尺度和亲切地与人对话的目的。

其次，住宅建筑底层的局部架空是建筑底层处理的常用设计手法，为室内外景观互融提供了良好的基础。绿化可以延伸到架空层内，进一步打消了生硬的混凝土建筑与大自然的界限，形成了新的虚实关系。底层的私人花园与公共绿地的相接处如何处理也需要设计师的仔细推敲。这种过渡空间景观设计的精细程度，最能体现整个住区的品质所在。

（2）铺地处理

1

2

铺地处理的精细考究程度直接影响到住区整体景观效果，有必要在外观、色彩以及质感方面有所变化，以反映其功能的区别，如用于引导步行路线还是鼓励人驻留。愈重要的地段，其处理愈需要精细。

4．对景、框景手法的应用

框景、对景一系列传统造园手法，在住区架空层和景观轴线的处理中不妨有意识地加以应用，对人的视线有所引导，使住区景观在保持其完整性的同时，进一步有机地融合交流。

二、景观的"时间性"设计

住区环境的生成不可能一朝一夕，而是一个连续的动态的渐进过程。循环往复的规律提醒人们，绿化、水、空气、阳光和风是超越时间需要保留的要素。这些要素如能在住区环境中完美延续，也就具备了人居空间持续生长的动力。前期景观设计仅仅是为住区的环境建立一个有序的完整的构架，除了在实施过程中不断对设计加以调整外，其内容的丰富和充实还依赖于岁月的积累，伴随着树木的生长和人们的入住，住区环境也会逐渐从初期的青涩走向成熟的从容，当它与孩子的成长，友谊或爱情的诞生都联系在一起的时候，才变得真正富有生命力。

与硬质景观相比，照明和植物更加受到时间因素的制约，随着白昼、黑夜、春夏秋冬的转换，为住区环境带来更多变化，注入更多活力。

1．夜景设计

现代人白天忙于繁重的工作，夜晚往往成为他们喘息、放松的时间段。高质量的照明体系对于一个住区环境的场所利用率的提高至关重要。夜景设计可以通过一系列景观要素，如建筑、广场、绿化、水面间接展现出来，是对其体量、外观、质感及色彩的第二次表现。灯具的设置则是夜景设计的自我表现方式，它白天作为街道小品对环境加以点缀，入夜则是人类的"第二只眼睛"，起到指示和引导的作用。

2．植物景观的季节景观

配置植物时，必须充分考虑植物的季相变化，使住区环境一年四季形成不同的植物景观特色。不一定要做到四季有花可赏，但必须充分体现季节的特色。植物的枝、干、叶，随着季节交替同样具有观赏性。

三、景观的"人性"设计

1．强调人的参与性

现代住区景观设计不应选择布景或构图式的造园方式，必须充分考虑现代人的生活习性和活动习惯而合理地配置场地设施，激发住户进行户外活动的兴趣，间接引导其生活方式向健康科学方向发展。在今天的住区景观设计中，可以经常看到西式古典造园手法的盲目模仿，尤为常见的是大面积的模纹花坛被原封不动地搬到住区中，占用了大量的绿地面积。姑且不谈它是否带来了视觉的美感，但确实是缩小了活动场地，让居民望绿兴叹。与其这样，不如多设计一些老少皆宜的运动场地，如锻炼场、健身步道、小型篮球场。根据现代景观设计理念，景观是一个包括景致与观景者的复杂系统，人的活动应成为景观系统中不可缺少的部分。

2．无障碍设计

无障碍设计在住区中的普及也是强调人的参与性的一种方式，其面对人群同样是整个住区的居民。必须明确，无障碍设施的受益人不仅是

3

4

5

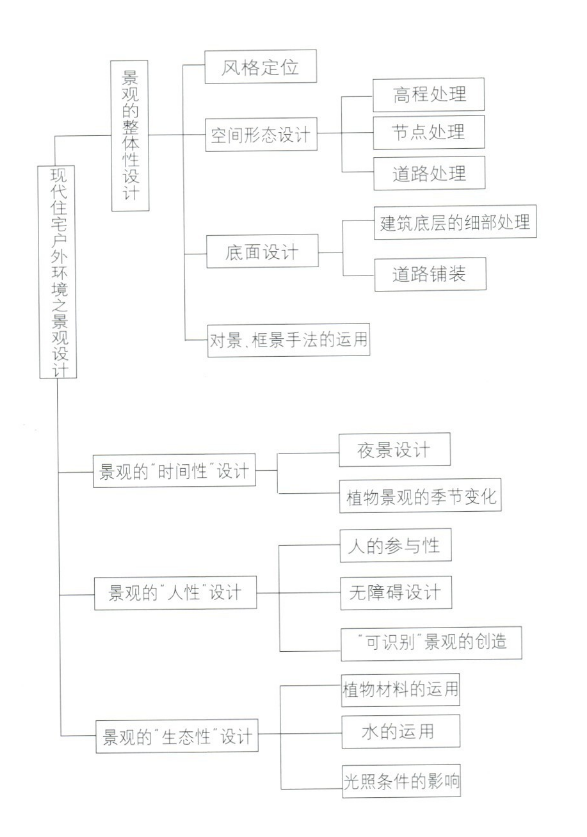

6

残疾人、儿童和老年人，对健康的成年人来说健康也是相对的，患病、暂时受伤或怀孕使成年人对环境也有类似的要求。在住区环境设计中，最应加以注意的是：

（1）避免使用一级台阶。台阶不应采用漏空式，不应突出，高度不要超过120cm。

（2）通过铺装材料、色彩、质感的变化对不同的功能区加以划分。注意户外活动场地材料应具有一定粗糙度，防止雨后或积水后路滑。

（3）座椅最好有扶手帮助虚弱人群就座与起立，座面宜选用导热率低的材料，以供长时间舒服地就座。

3．可识别性景观的创造

住区最需要强调"家"的感觉，如何体现和强化这种感觉，需要可识别景观的创造。一个社区其实就是社会的缩影，对居民的道德水准和行为方式都需要有所规范。提供一个优美的有序的环境氛围可以引导人的行为向健康的方向去发展，对其生活方式的改善也起到间接的作用。具体手法有：

（1）在关键地段放置标志性很强的图像，如广场、喷泉等。

（2）通过路面铺装的色彩和材质的变化，对空间领域加以划分。

（3）在设计中运用重复造型手段来增加可识别性，在街道小品的形状、色彩、质感方面选择一定的构图母题，使其多次重复出现，强化其信息刺激。

（4）提供一套完整的、有层次的标识系统来增加可识别性。

四 景观的"生态性"设计

1．植物材料的运用

在植物材料的选择上立足于因地制宜、适地适树、优先选择乔木树种，切忌盲目引进外来珍贵树种。乔木、灌木、地被、草地的合理配比对其最佳生态效益的产出十分重要。住区植物景观最忌杂乱无章，太简太繁都不可取。如何做到疏密有致，是很需要认真推敲的。住区所强调的秩序感，应该在植物配置中就加以体现。通常做法是密处配置层次分明的植物群落景观，疏处就保留完整的草坪，二者形成空间特色上的对比关系。需

3. 4. 5. 杭州九溪玫瑰园别墅景观
6. 现代住区景观设计研究框架
7. 8. 9. 10. 杭州九溪玫瑰园会所景观

7

8

要注意的是在地下车库上配置植物时，应落实到每一棵乔木种植点，并与地下车库的结构体系相协调。另外对于建筑角隅部分的植物配置也极需要精心处理。

2. 水的运用

近期开发商一窝蜂而建的"水景住宅"，目前争议很大。由于人具有先天的亲水性，所以水作为重要的景观要素在今天的住区环境中被不断加以运用，形式包括：喷泉、泳池、跌水、水墙、人工湖、人工溪等。水无疑可以和植物材料一起共同软化和丰富住宅建筑围合的硬质环境，但是它究竟以什么形式出现，其产生的景观效果、生态效益、造价、运营成本等，是否可以达到一个较好的平衡点，无疑是设计师和业主所需要共同探讨的课题。

9

3. 光照条件的影响

场地设置需要结合日照分析综合考虑。调查表明，在美国有些小广场设计精美，但由于日照太少，因而冬天无人问津；而设计水平一般的小广场，因日照充沛，备受居民欢迎。建议在考虑住区中休息广场的布置时，参照总体规划的日照分析图。植物的种植也需充分考虑日照影响，耐阴、耐阳植物搭配应以之为参照，其疏密分布应注意是否对住户光照有所遮挡。

五、结语

普遍认为房地产业是一个最需要整合的行业，实际上一个优美住区环境的诞生也是一个历经整合的过程。景观设计可以最终得以实施，仅靠设计师的经验和周详的设计图纸是远远不够的，需要开发商的正确鉴赏力，必要的经济支持，最终落实到细致的施工过程。随着房地产行业的竞争加剧，对住区环境品质的需求也愈来愈高，但是这种需求不应向奢华方向发展。昂贵的材料运用或是舞台布景式的景观设计并不能真正提高整个住区的品质，只有以尊重自然为前提更为人性化的设计方式，才可能创造真正高品质的住区环境，在人与自然之间搭起沟通的桥梁。

作者单位：上海绿宇房地产开发有限公司

10

摘要：GIS是一种伴随着计算机技术的发展而登场的新的地域分析手段。它具有标示、系统收集、更新数据和空间分析等功能。文章运用GIS分析系统对日本东京都某居住环境进行实地分析，得出构成居住环境的物理因素和人口因素的关联性，为城市设计提供了系统科学的理论依据。

Abstract: GIS is a kind of new territorial analysis method coming up along with the development of the computer technology, which has such functions as signing, system collection, data renewal and space analysis. The article on the spot analyzed the environment of a settlement in the eastern Kyoto in Japan with GIS analysis system, and drew the linkage between the physical factors and the population factors forming the environment of the settlement, offering the systematic, scientific, theoretical basis for urban design.

宁 晶 By Ning jing

GIS 在居住环境研究中的应用

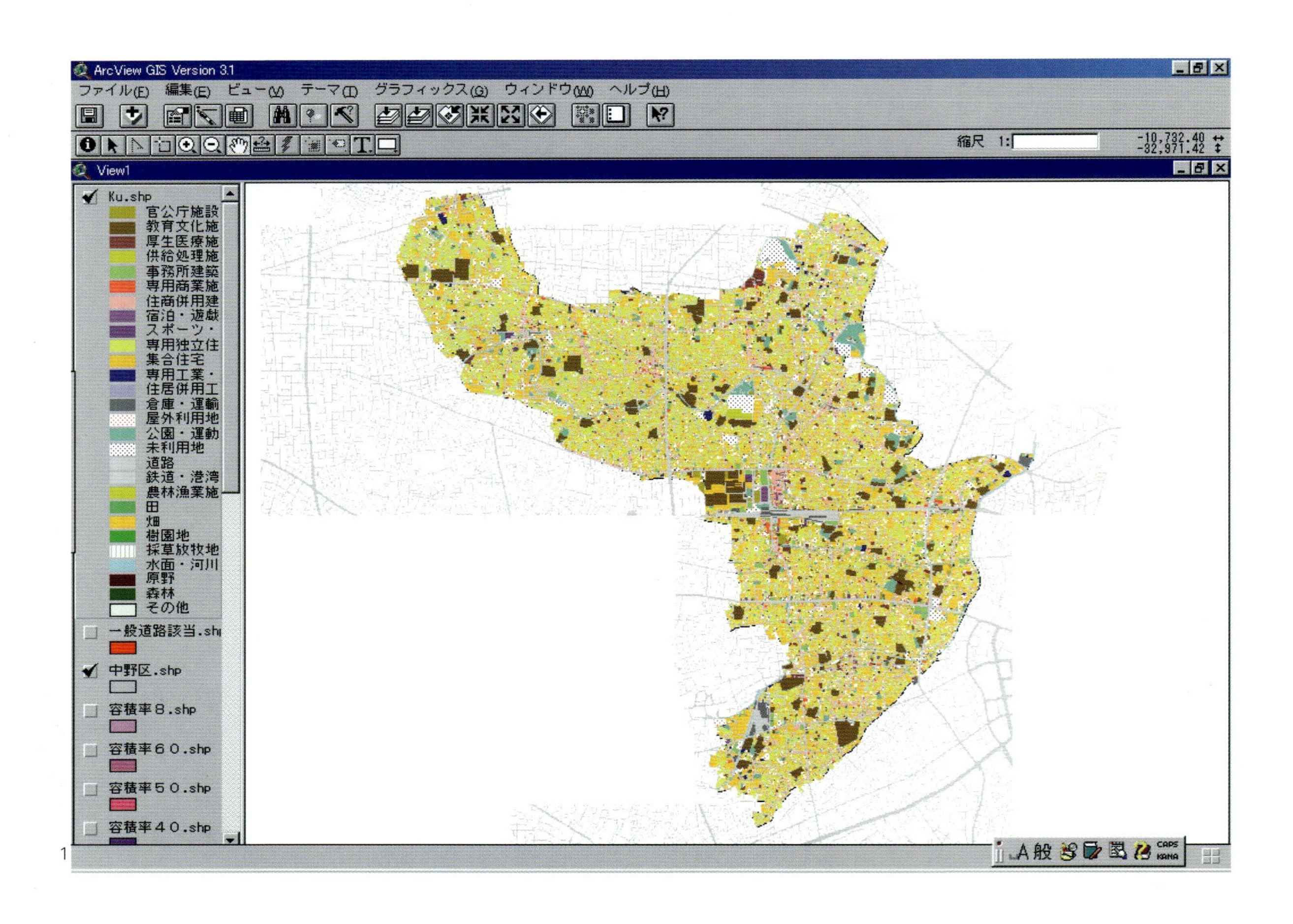

1

一、引言

城市，作为一个地域的同时它也是一个场所。影响作为场所的城市特征的因素有两种：一种是构成城市空间的物理因素，如建筑物、道路、树木等；另一种是在城市中进行各种活动的人的因素。城市作为既存的物理因素为人提供活动的场所，而人则根据自己的意志在由物理因素构成的场所中展开活动。

按照这样的观点，作为城市的一部分的居住环境同样也是由物理因素和人口因素所构成。人选择什么样的居住环境可以说是反映了人对于居住环境的认识和对于居住环境所持有的概念。因此，居住环境作为人的居住场所而存在，并且受人的意识选择。

正如不同的人对于生活有不同的概念一样，对于居住环境也存在有不同的需求和选择，因此，在城市中产生了人口分布的非均质现象。如果我们对于人口分布的非均质现象进行考虑的话，就可以了解到人是如何认识居住环境，选择居住环境的。所以，如果我们能够把握人口的分布状况与居住环境的物理因素之间的关系，就可以对于居住环境从构造上进行认识。但是，从整体上把握居住环境的人口因素和物理因素是非常困难的工作，而且二者的统计数据量也非常庞大，如果想在短时间内进行处理的话，计算机是不可短缺的。

在计算机的使用已经普遍的今天，能够处理与地图相关联的多种数据的GIS越来越引起人们的关注。目前对于GIS

1.日本东京都N区的物理环境图
2.日本东京都站前广场
3.日本东京都街道景观
4.日本东京都街道景观
5.日本东京都街道景观

的利用在世界上非常盛行，应用领域极其广泛，除地理学以外，它还被应用到地质学、地形学、考古学、社会学、历史学、军事学等方面。下面对于GIS的基本概念及其原理进行简单的介绍。

二、GIS的基本概念以及原理

GIS是在地理学的地域构造解析等领域被广泛使用的地理情报系统（Geographic Information System）的简称。它作为一种记述、分析地球表面上物体状态的情报技术而被人们所知，是伴随着计算机技术的发展而登场的一种新的地域分析手段。简单地说，GIS是一种地图，但是作为一种地图，它除了标示地理位置关系之外，还是关于地表上所有物体的数据库，拥有系统的收集、更新数据的机能，可以说是一种具有地域分析（空间解析）、数理模式、评价等拥有高度地图表示机能的计算机软件。它可以对于地图和地图上所表示物体的属性实行一元化的管理，可以从多样的信息源收集大量的空间数据，并保存在计算机内，做成以地图情报为主体的数据库，进而对其进行高效的蓄积、搜索、变换、解析，在计算机上以数码地图的形式表示的同时，可以进行各种空间分析。

GIS是由各种空间数据以及加工、分析表示这些空间数据的GIS软件和应用软件构成。其中，空间数据是由表示地上物体位置的地图数据和表示其特性的文字和照片等的属性数据构成。作为GIS的基本机能，它可以将各种空间数据按每一种类分层分别进行记录，并且将其管理在"地图"这一共同的地方。这样可以掌握其彼此相互的位置关系以及搜索和表示任意的空间数据，分析它们之间的相互关系等。

GIS的特点可以总结概括为以下两点：

1．空间分析：GIS不只是单纯的地图描画，可以输入地图以外的，例如照片、文字等其他情报以及地表的相关数据等，拥有各种空间处理、

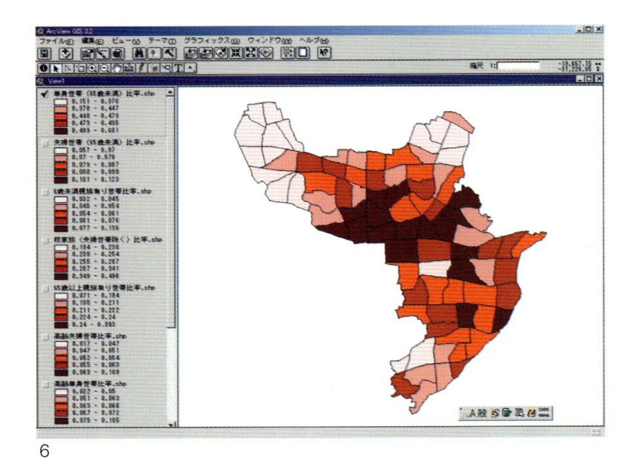

6

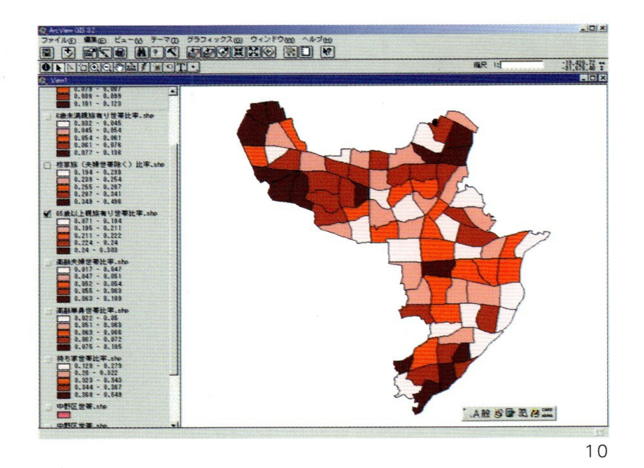

10

7

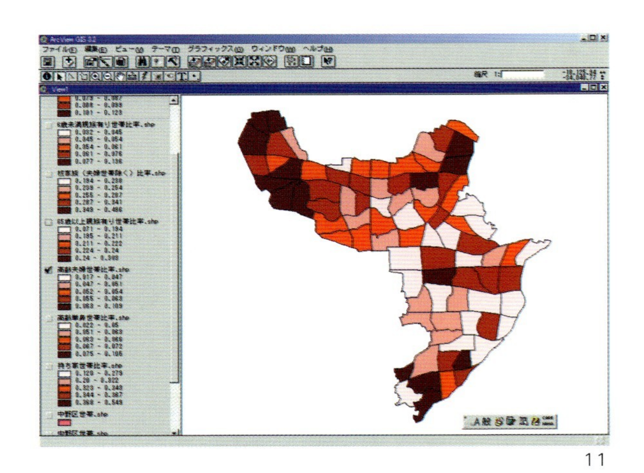

11

8

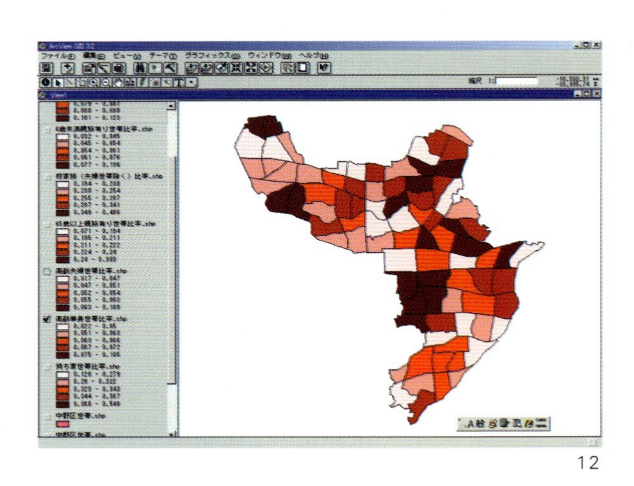

12

9

分析机能。

2. 以计算机为基础的地理分析系统：GIS是由对地理数据的输入、保存、空间处理、分析、表示、输出等部分构成。输入是指将空间的地理数据，即地图和地表的数据、航空照片等的画像数据等变换成计算机可解读数据。空间处理、分析是指根据地图的重合叠加生成新的地图数据以及数据的面积和距离的计算，倾斜角和起伏量的计算等处理。空间分析是指商圈的设定和商圈内人口的计算，网络分析设施的最适化配置分析等的分析。表示是指将上述的分析结果进行地图化和3次元表示，并在显示器上描画表示。

三、GIS在居住环境研究中的应用

笔者从建筑学的视点出发，使用GIS对于居住环境进行了分析和研究。

6.单身家庭（不满 65 岁）的比率的分布图
7.夫妇家庭（不满 65 岁）的比率的分布图
8.有不满 6 岁家庭成员的家庭的比率的分布图
9.标准家庭的比率的分布图
10.有 65 岁以上家庭成员的家庭的比率的分布图
11.高龄夫妇家庭的比率的分布图
12.高龄单身家庭的比率的分布图
13. 24 小时服务店的分布图
14. 24 小时服务店的 300m 商圈图
15. 24 小时服务店的 500m 商圈图
16. 24 小时服务店的 720m 商圈图

13

使用 GIS 系统的空间解析机能，以日本东京都 N 区为分析对象，将该区居住环境空间的物理因素和人口因素数据化，并将其通过直角坐标交换，转化为 GIS 可利用的空间数据，同时将这些能够在计算机内进行分析的空间数据加以保存，并在监督程序上以数码地图来表示，进而对其进行空间分析。并且利用 GIS 的分层分别记录各种空间数据的基本机能，把握居住环境的物理因素以及人口分布因素的相互的位置关系，搜索和表示任意因素的数据，分析各种因素的数据之间的相互关系。通过分析考察人口及物理这两种因素的分布状况，解明构成居住环境空间的物理因素和人口分布的非均质性的关系。

为了便于形象具体地了解 GIS 在居住环境中的应用，本文以对东京都 N 区的不同家庭的分布状况与24小时服务店的分布状况之间的关系进行考察和分析，论述城市居住环境中人口分布的非均质现象是取决于人对于居住环境的认识和评价。

N 区位于东京都 23 区的中心偏西，全区面积是 15.59km²，占东京都区部面积的 2.51%，在 23 区中排列第 14 位。白天人口 261174 人，夜间人口 304379 人，人口密度 19595／ km²，23 区中排列第 1 位。

图 1 是作为分析对象 N 区物理的环境地图，图 2 至图 5 是 N 区的街道景观。

下面对于在本文的分析过程中使用的数据进行简单的介绍和说明，具体使用的数据如下：

1．1999 年日本国势调查，东京都区市町村町丁别报告，第一，二卷（区部别）东京都编。

家庭构成的数据是以上述数据为基础，利用日本国势调查的人口统计结果，先输入到表编辑软件中，然后通过直角坐标变换成 GIS 的属性数据，作为 GIS 的数据库进行利用。

2．东京都都市计划地理情报系统的地图数据

该地图数据是东京都都市计划局设施计划部交通企画课作成的东京都缩尺 1/2500 的地形图，N 区的数码地图是以上述数据为基础做成的。

3．1999 年住址数据，东京都不同职业电话薄，NTT 号码情报株式会社编

将 24 小时服务店的统计结果，先输入到表编辑软件中，然后通过直角坐标变换成 GIS 的属性数据，作为 GIS 的数据库进行利用。

根据上述的数据，下面对不同家庭与 24 小时服务店的关系进行考察和分析。

第一步，对于不同家庭构成的家庭的分布状况进行考察和分析。

根据日本的国势调查的人口统计的调查结果，日本的家庭构成类型分为：单身家庭（不满 65 岁），夫妇家庭（不满 65 岁），有不满 6 岁家庭成员的家庭，夫妇和孩子构成的标准家庭，有 65 岁以上家庭成员的家庭，高龄夫妇家庭，高龄单身家庭等 7 种类家庭构成。图 6 至图 12 所示的是利用 GIS 做成的 N 区的不同家庭构成的家庭数占全体家庭数的比率的分布图。

从这些分布图可以看出，高龄夫妇家庭和有 65 岁以上家庭成员的家庭主要分

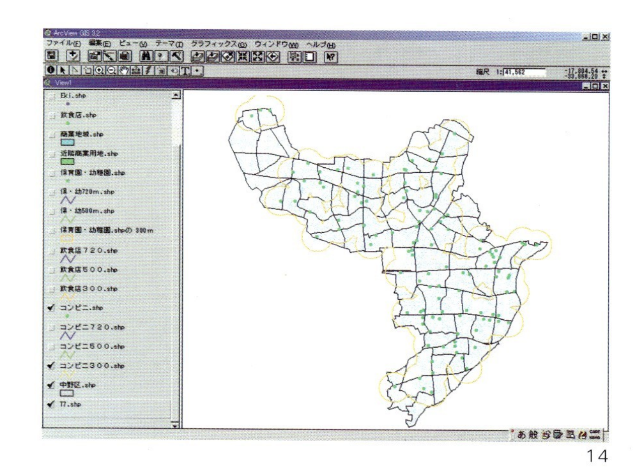

14

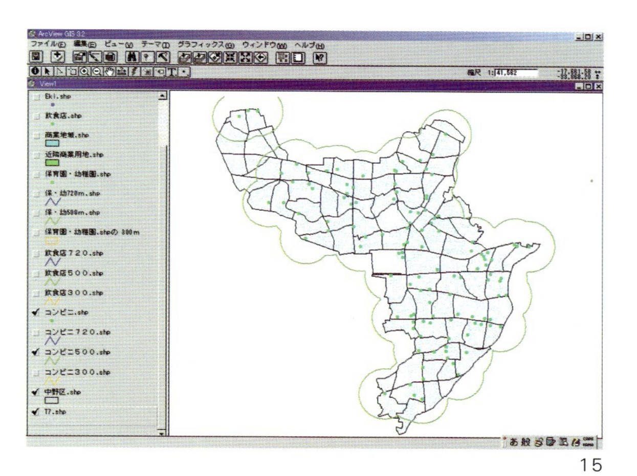

15

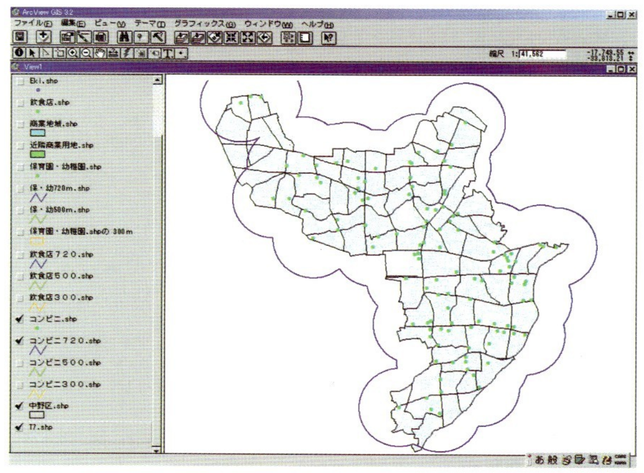

16

不同家庭构成3个商圈的相关系数表　　表 1

	小时服务店		
	300m	500m	720m
1.单身家庭（不满 65 岁）	0.282	−0.174	−0.487
2.夫妇家庭（不满 65 岁）	−0.071	0.076	0.317
3.有不满 6 岁家庭成员的家庭	−0.194	0.252	0.286
4.标准家庭	−0.311	0.246	0.449
5.有 65 岁以上家庭成员的家庭	−0.193	−0.076	0.151
6.高龄夫妇家庭	−0.278	0.039	0.385
7.高龄单身家庭	0.129	−0.215	−0.548

布在N区的北部和南部；单身家庭（不满65岁）主要分布在N区的中心部；夫妇家庭（不满65岁）和标准家庭主要分布在N区的北部和南部；高龄单身家庭在N区的北部和中心部分布的很多；有不满6岁家庭成员的家庭主要分布在N区的北部、中心部和南部。

根据以上这些不同家庭构成的家庭的分布状况的分布特征，我们可以明白以下几点：

1、不同家庭构成的家庭的分布状况是随着地区的不同而呈现出明显的不同。

2、不同家庭构成的家庭在各个地区的分布状况是分散的。

因此，我们可以认定，不同家庭构成的家庭对于居住环境的认识、评价和要求是不同的。

第二步，对于24小时服务店的分布状况进行考察和分析。

东京都内的24小时服务店在1974年5月第一号店开店以来一直呈增长的趋势。现在仅东京都的23区内就已达到4500多店（1995年为止），已经成为城市生活当中不可欠缺的重要部分。仅在N区有119座店铺，它的分布状况如图13所示。

从图13可以看出，24小时服务店分布在N区的大部分地域，只有西北和南部的一部分地域没有分布，呈现出明显的集中和分散的趋势。

我们知道设施的立地不是点的存在，它有一定的影响范围，也就是商圈。可以认为人是通过考虑步行到设施的距离和人的意识当中的距离的关系来决定是否利用设施的。表1所示的是通过大量的调查得出的人认可的几种步行距离。根据表1所示的几种步行距离，本研究选择了330m（人在正常情况下能够轻松地步行的距）、500m（为了到达目的地，步行也可以的距离）、720m（70%的人为了到达工作地、车站，步行也不觉得难受的距离）3个商圈来探讨24小时服务店的影响范围。图14至图16是24小时服务店的300m、500m、720m的商圈图。

从图15、图16的500m、720m的商圈图可以看出、N区的西北的一部分地域是在商圈以外。

根据以上24小时店的分布状况的特征，我们可以看出，该设施是随着地区的不同而呈现出不均质分布的。

第三步，探求不同家庭构成的家庭的分布状况与24小时服务店的分布状况之间的相互关系。

具体步骤，重合叠加24小时服务店的分布状况和不同家庭构成的家庭的分布状况，通过把握在各个商圈的不同家庭构成的家庭的分布状况，算出各个商圈与不同家庭构成的家庭的分布的相关系数。

图17至图23所示的是各个不同家庭构成的家庭的分布图上叠加了3个商圈的分布图。

从这些图可以看出，与其他家庭构成相比，单身家庭（不满65岁）与24小时服务店的关联性非常明显，特别是在300m的商圈内，有比较高的关联性。

表1是不同家庭构成的家庭的分布状况与3个商圈的相关系数表。

从表中可以看出，显示出比较高的相关性的是单身家庭（不满65岁）的300m商圈（相关系数0.282），其次是有不满6岁家庭成员的家庭的500m商圈（相关系数0.252），标准家庭的500m商圈（相关系数0.246）。而且，如果我们只注意300m商

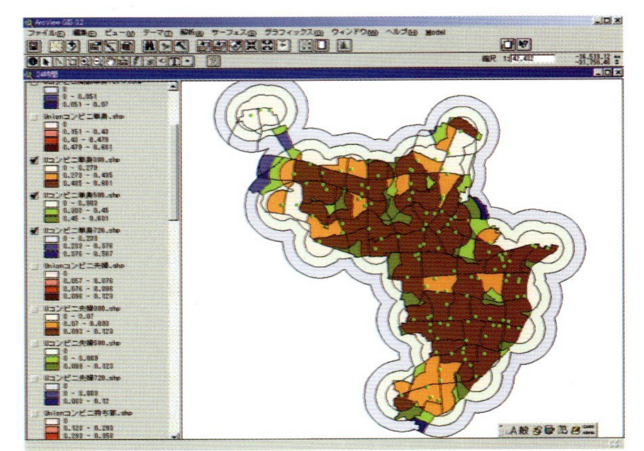

17

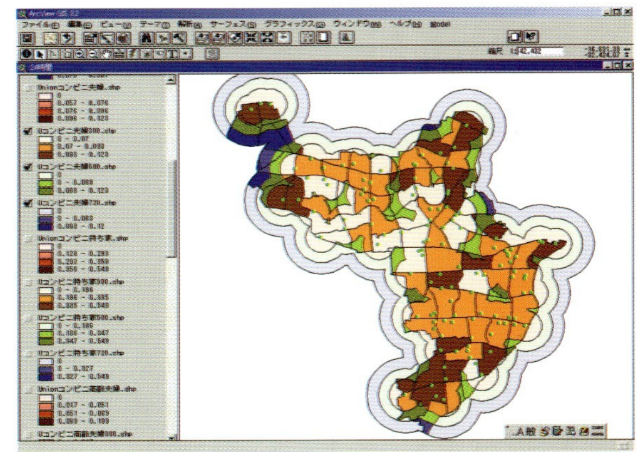

18

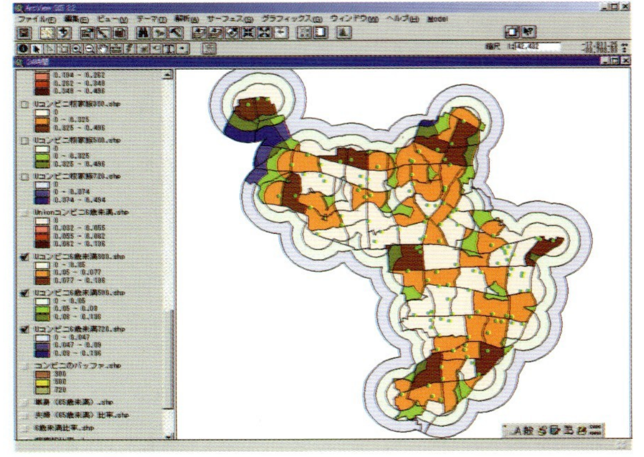

19

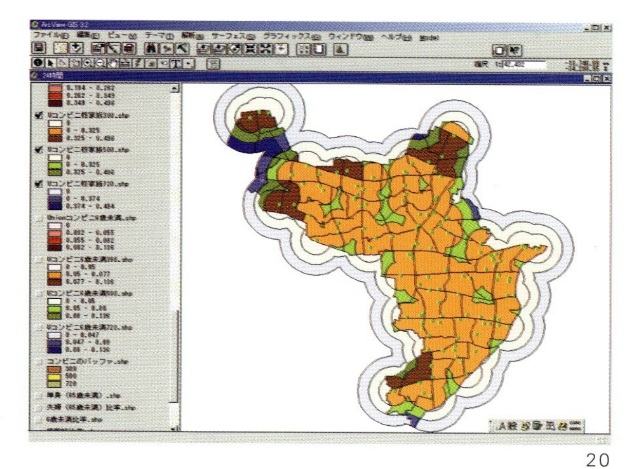

20

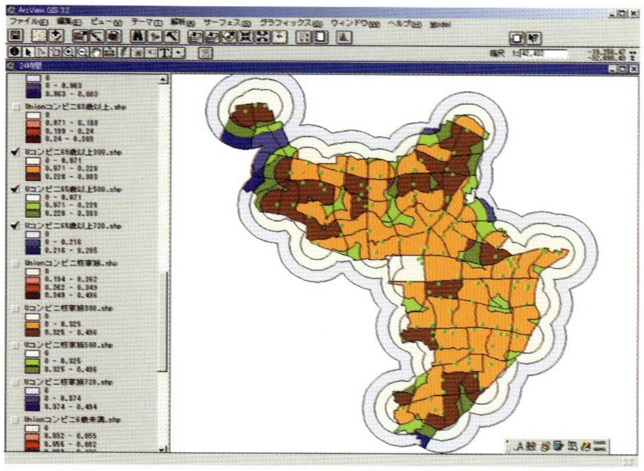

21

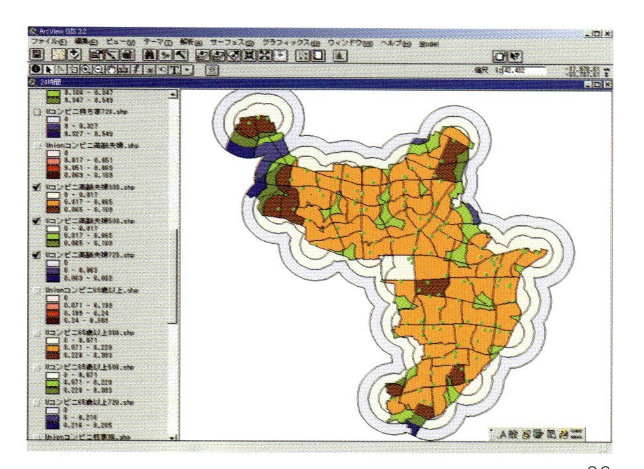

22

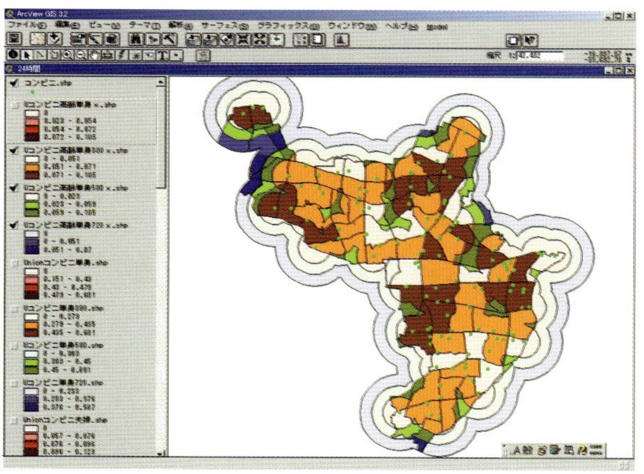

23

17.在单身家庭（不满 65 岁）分布图上叠加了 3 个商圈的分布图
18.在夫妇家庭（不满 65 岁）分布图上叠加了 3 个商圈的分布图
19.在有不满 6 岁家庭成员的家庭分布图上叠加了 3 个商圈的分布图
20.在标准家庭分布图上叠加了 3 个商圈的分布图
21.在有 65 岁以上家庭成员的家庭分布上叠加了 3 个商圈的分布图
22.在高龄夫妇家庭分布图上叠加了 3 个商圈的分布图
23.在高龄单身家庭分布图上叠加了 3 个商圈的分布置图

圈的话，显示相关的只有单身家庭（不满65岁）和高龄单身家庭，并且随着商圈的扩大，相关性呈明显减弱的趋势。

因此我们可以说，24小时服务店对于单身家庭具有很强的吸引关系，其吸引范围在300m左右，500m以上就不存在吸引关系了。

通过以上这个例子，我们可以看出24小时服务店对于不同家庭构成的家庭的吸引力是不同的，也就是说，不同家庭构成的家庭对于24小时服务店的需求是不同的，彼此之间的相互关系是不同的。

笔者对于26种类的人们日常生活中经常利用的设施进行了考察和分析，发现不同种类的设施，与不同年龄、不同职业的人以及不同家庭构成的家庭的相互关系都是不同的。这就说明，人口分布的非均质性和构成居住环境的物理因素之间存在着亲切的关系。

因此我们可以这样认为，构成居住环境的物理因素是各种各样的，根据它们的不同组合，形成了不同的居住环境。因为居住环境和人之间的关系是不同的，结果造成了对于不同的居住环境出现了不同的选择人群，形成了人口的集中或者分散，产生了人口分布的非均质现象。这种非均质现象的产生依存于不同年龄层、不同职业的人口和构成居住环境的物理因素之间的相互关系。

四、结束语

通过利用 GIS 的分析手段，不仅可以使居住环境数据化、视觉化，更加一目了然，容易把握，而且在此基础之上，通过把握人口分布状况和物理空间环境的构成因素之间的相互关系，可以对于今后的城市建设，地区开发规划，旧区改造等提供环境预测和分析，为城市的规划设计和开发部门提供系统科学的理论依据和一种分析解决问题的方法。

参考文献

1、中村和郎，寄藤昂，村山祐司，地理情报システムを学ぶ，古今書院，1998 年，pp.212，p.71

2、财团法人日本建設情報綜合ヤンタニ ，近未来における GIS 利用，pp.40，p.5～10

3、下中弥三郎，心理学事典，平凡社，1957 年，pp.683,p.377

4、日本建築学会，建築人间工学事典，彰国社，1999 年，pp.286,p.203

5、中野区役所，数字でみる中野区，http://www.city.nakano.toky.jp/

6、坂本英夫，高橋正ほか，基礎地理学，大明堂，1994 年，pp.205

7、石水照雄，都市空間システム，古今書院，1995 年，pp.238

8、中村和郎・高橋伸夫をぶ，地理学招街，地理学講座 1，古今書院，1988 年，pp.196

作者单位：日本东京大学建筑系

***摘要**：在当今的住区设计中，一种被称为"匀质空间"的理论悄然在开发与建筑设计领域中流行起来，对它进行客观认识与评价具有一定的现实意义。通过对建成小区居民的环境行为与对社区满意度的调查，我们试图总结出关于匀质空间的一些经验和设计原则，同时也作为对当今人们的生活模式与行为特点的一次探索。*

***Abstract:** GISIn current design of the settlement, the theory called as "integral space" is stealthily populating in the domain of the development and the architecture design, of which there being some certain practical meanings of the objective recognition and assessment. Through the investigation of the environmental behavior and the satisfaction degree towards the community of the inhabitants within the built settlement, we try to draw some experiences as well as some design principles in relation to the "integral space", simultaneously as an exploration of living modes and behavioral characteristics of the people in present society.*

崔 曦 黄献明 By Cu xi Huang xianming

关于住区匀质空间的环境考察

一、前言

在当今的住区设计中，一种被称为"匀质空间"的理论悄然在开发与建筑设计领域中流行起来。由于这种理论的空间模式与原来的行列式布局有着许多相似的地方，因而也被许多业内人士看作是一种商业炒作的结果，即一种经过了商业包装（附加了时髦的修饰词藻）之后的行列式住区组织方式的复归，是一种商品经济大潮冲击下的"利"字当头的产物。然而直到现在，业界有关于它的一些客观的研究还并不多见，本文正是试着通过对作者新近参与完成的一个实际工程中，小区建成环境与居民行为之间的关系的观察和分析，对这样的"匀质空间"模式进行一次较为系统的研究，作为对这个实际工程的一次总结与回顾。

二、关于住区匀质空间的理论与实践

1. 行列式组团组织的历史与发展简介

由于二者所存在的许多相似点，在对匀质空间理论进行分析之前，有必要对行列式组团理论的形成和发展进行一番考察。

现代意义的行列式组团理论形成于上世纪初的欧洲，是当时的现代建筑学派出于对当时城市化所带来的住宅问题的关注，而提出的一种带有革新性质的理论。其产生的历史背景是：

● 城市化过程中，"一些旧的街坊和相当部分新发展的城市地区沦为贫民窟，粗制滥造的廉价工人住宅充斥于各工业城镇。"

● 技术与科学的发展使较为廉价地建造高层建筑成为现实，推进了住宅的发展。

● "经'工业慈善家'等提倡，出现各种工人新镇的设想"，类似于Pullman的Company Town陆续出现。

正是在这样的背景下，1928年格罗皮乌斯（W.Gropious）提出了"提高密度，照顾日照及追求开放空间的思想"，并在Dessau-Toerten建造了所谓的"合理化住宅"方案（图1）。1930年，他又"在第三次CIAM会议上分析在采用行列式及增加建筑层数时可以提高密度与增加空地，这些努力推动了住宅工业化及以单元为基础的公寓住宅设计的发展"。从某种角度而言，行列式的空间布局模式是现代主义运动的构建于"技术乌托邦"基础上的有关阳光、空气、绿地及交通的城市环境美学观的一种体现。然而随着人们逐渐认识到这种城市环境美学观的机械性与狭隘性，行列式的空间布局模式也受到越来越多的批判（图2），这样的布局被认为是"毫无空间的围合感，也就无法产生领域感，楼宇间的空间成为单纯的交通空间，使得人们无法在其中停留，虽然十几户人家住在同一楼区内，但缺乏必要的接触机会……也就失去了对它的责任心和责任感"。而与此同时，"归属感（Belonging）是人的基本情感的需要"成为人们的普遍共识，一种继承了传统合院式住宅与城市空间特点的组团式住区组织模式被广泛接受，并在相当长的一段时间里成为了住区规划的主流模式。

从人们对行列式布局模式的批判我们不难发现这种模式所存在的一些致命的弱点：

● "排排房"所形成的单调的线性空间被证明是不利于人们的交往的，而围合更有利于形成积极空间，使人们能够并愿意停留，从而诱导人们发生交往。

● 行列式组团使建筑乃至整个住区失去可识别性，而正如美国社会学家A.英克尔斯所指出的："社区成员的共同结合感及对某些实际生活及精神生活的共同评价，决定着社区的本质"。可识别性的丧失使居住于其中的人们很难在情感和心理上形成认同感，从而削弱了人们的社区意识和归属感。

● 机械的行列式空间与传统城市肌理格格不入，对街坊式平民交往空间的忽视，使其在文化上缺乏可持续发展性而不为人们所接受。

2. 匀质空间理论

随着时代的变迁和人们认识的不断发展，一系列突破组团式布局模式的住区规划方案和实际工程不断涌现出来，一种被称为"匀质空间"的理论逐渐浮出水面。而有趣的是这一理论最早是由房地产商而非专业的建筑师提出并大力推广的。

不可否认，匀质空间理论的被提出最初是基于一种商业运作上的考虑。由于在以往的组团式布局结构中，为了构成一种院落式的围合感，一部分住户的朝向被牺牲掉了，与朝向密切相关的采光与通风状况也不尽如人意，而在北方这样的牺牲是为许多住户无法接受的。如果说这种状况在福利

1.格罗皮乌斯（W.Gropious）在 Dessau–Toerten 的合理化住宅，资料来源：《北京旧城与菊儿胡同》第 95 页

2.E.迈尔图示行列式建筑的演变，资料来源：《北京旧城与菊儿胡同》第 99 页

3.贺业矩先生关于“里”的推断，从中我们可以看到中国古代住区的规划结构所呈现出的某种匀质性。资料来源：《北京旧城与菊儿胡同》第 79 页

分房时期还可以调和的话，在住宅商品化程度越来越高的今天，这样的调和将越来越难于实现。因为购买者无论是自己居住，或是作为一种房产的投资都不太可能去购买一个朝向很不理想的户型。而从开发商的角度出发，这样的牺牲显然也是不可接受的，因为它将直接关系到这些不利户型的销售。尽管理论上他仍可以通过价格的杠杆使这些户型最终得以成功出售，但这样所带来的经济利益损失也是显而易见的，况且这样的损失是可以避免的。因此在以市场为主导的今天，在住宅乃至整个住区被作为一种商品看待的时候，对传统组团式布局的改进乃至扬弃就具有了某种历史的必然性。

从文化层面而言，这样的扬弃同样具有一定的必然性。无论是对中国传统民居中占据绝大部分的院落式空间的考察，或是对被视为一种舶来品的上海、天津等地的里弄式民居的研究，我们都不难发现这些形式在总体上看来都表现出一种匀质性（图 3）。以北京的四合院为例，其院落空间感的形成是通过每一个家庭中，具有不同功能用途和礼制要求的房间的不同布局实现的。而从整体而言，每个四合院在形制与空间布局上的差别则微乎其微，作为居民进行邻里交往的公共空间更多是由这样的一系列相似的四合院并联所形成的胡同或是点缀于四合院群中的市场空间，内院空间事实上表现出一种私密性的空间性质。而与此相比上海的里弄式民居在空间上则带有更为明显的匀质性，甚至在很多方面它都具有与行列式同样的特点。由此我们至少可以得出这样的结论，即匀质性空间是人们自发选择的必然结果，无论从历史的发展或是从现实的分析都很好地证明了这一点，而先前的那种院落式的组团布局方式，则显然忽略了这一点，人们机械地构造了一种与传统院落在形式上相似的空间，而忽视了这两种院落在空间性质与形成方式上所存在的明显不同。这样的差异在今天应该为更多的人们认识到。

当然，我们之所以把匀质空间理论看成是对院落式布局的一种扬弃，就在于它并不是一种对院落式布局的彻底的抛弃或是全盘否定，更不是提倡完全退回到行列式的布局中。我们既不能否认院落式空间所具有的积极意义，即它所形成的围合感是有助于人们停留和发生交往的，也不能对行列式布局模式所存在的许多缺陷视而不见。匀质空间理论试图探索的是在保证住区全体居民在居住条件上实现最大限度的均好性的同时，营造一个有利于人们交往的、对形成社区归属感有积极意义的室外空间环境的可能性。实践告诉我们，这样的可能性是完全存在的，尽管这个理论本身需要完善的地方还很多。

3. 美丽园小区的室外空间与环境意象设计

美丽园小区位于北京西四环路的东侧，五孔桥路的西线，原址为北京市煤炭三厂煤场，地势平坦，其东南方为慈恩寺塔，有良好的景观。周边社会状况较差，为一片待开发的平房区，现有居民多为收入在中下水平的困难户，而开发商当时对消费群体的定位是城市中收入为中等水平的新白领阶层。

出于对以上现有环境的考察和对开发目标的分析，我们认为规划中的小区既拥

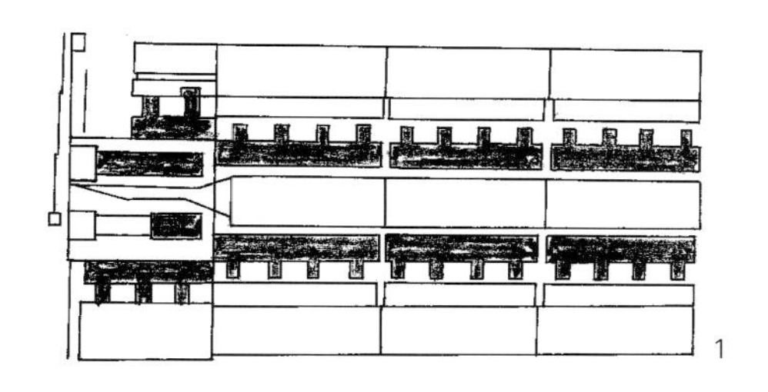

1

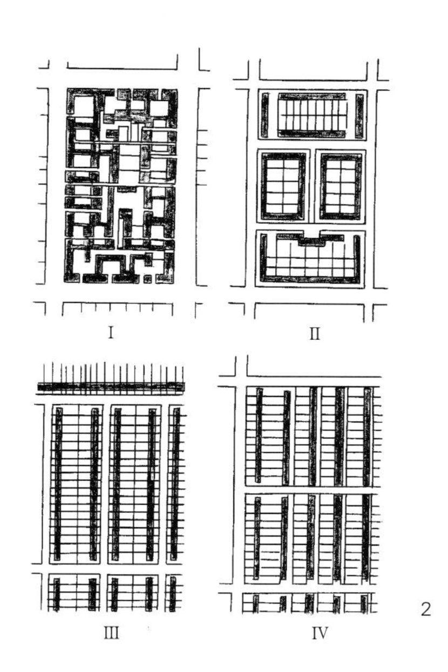

2

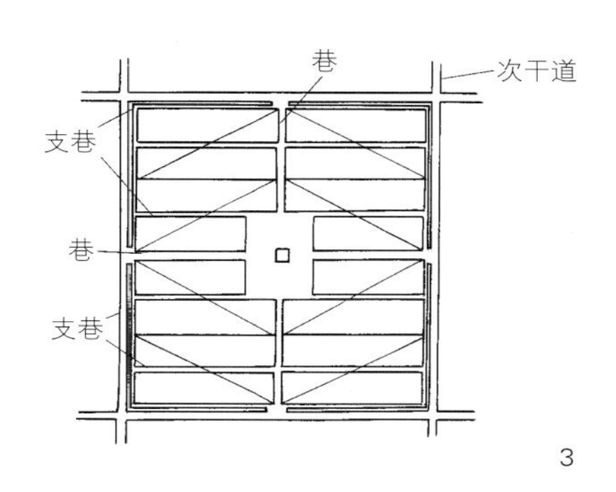

3

沁美小学
二十四班编制，聘请一流教师，采用现代化科教设备
绿美运动公园
面积约1.5万m²，由葱绿的草皮、起伏的山丘、健康步道、活动广场、上百种名花及标准网球场构成
晓美幼稚园
八班编制，设置多种新奇、有趣、益智的游戏设备，促进儿童身心健康
新美丽中心
健身娱乐中心、室内游泳池、购物中心、图书室、银行、邮政、物业管理中心
社区医疗中心
配备经验丰富的医务人员及先进医疗设备，24小时候诊
美—丽—园—路
叠泉瀑布
社区主体住宅
多层带电梯设计，一梯两户，户户朝阳，户型完美
中央流水观景走廊
面积近1.2万m²，由河流、石桥、涉水平滩、瀑布、喷泉、湖面、花廊及中心广场组成
绿荫广场
分布楼宇四周的绿荫广场及活动地成为休闲的好去处
中央喷泉广场
多种喷头形成立体水柱，造型各异，设照明及音乐控制系统
红苹果儿童乐园
有专供儿童嬉戏的草地、沙丘，是宝贝亲近自然的开阔地带
水灵雾泉广场
翠汀泊车位
地面彩砖铺设，辅以树木绿化，一户一车位
绿化隔离带
社区外围宽阔的绿化带，有效吸收废气与噪声，阻隔尘土，保持社区空气清新
一期住宅
二期住宅
4

4.美丽园小区总平面图
5.对小区"街道空间"的意象设计
6.7.8 宅前道路实际使用状况

有较为便利的交通优势，同时也存在着一些不利因素，周边社会环境改善的相对滞后是其中的主要矛盾。因此小区在建成后其内部环境在相当长的一段时期里应能自成体系，这既是对现有不利环境的应对，同时也有可能成为一种新的生活模式的原发地，辐射并带动整个地区的更新与发展。因此我们和开发商逐步达成了这样的共识：在努力创造舒适高效的住宅户型、独特而富个性的建筑外观的同时，必须把很大的精力放在室外空间环境的营造上（图4）。

由于行列式的布局在用地上的高效率和对区内竞争拥有良好的规避性，使其在一开始就成为开发商所竭力坚持的开发模式。如何在一种与行列式非常相似的组团模式中创造出积极有效的外部空间环境成为设计的关键。我们认为，如果我们前面有关四合院与里弄的分析成立的话，我们就有可能借鉴这些传统民居的处理经验，创造出一种也许与传统有着更好的契合点的室外空间形式。因此在美丽园小区的环境设计中我们试图复归这样一种传统街道空间。我们的具体做法是：

(1) 通过功能单一化实现街道空间与道路空间的分离。将所有机动车的流动限制在一条环绕小区的外环路上，使环路成为单一化的交通空间。这样的结果是使宅间道路和中央步行道得以形成设想中的街道空间。

(2) 通过对底层住户的前、后院设计，以及宅间绿地的丘陵化处理，使人们每天回家所必经的宅前道成为一个可促进人们驻足、交往的半私密性空间。

(3) 将难于处理的组团间的消极空间功能单一化，形成室外停车场，同时注重通过绿色植栽，最大限度降低机动车对住户的噪声影响。

(4) 将在传统中不为人所重视的山墙间空间，辟为拥有中央步道、"绿道"与"蓝道"的复合体系，通过铺地、绿化、水体形成有利于人们交往的新里弄、新胡同。

(5) 将中央步道的两端扩大形成广场，其中一个是以喷泉叠石为主的"实广场"，另一个则是以方圆主体结合硬质铺地为主的相对开阔的"虚广场"，使其成为人们可进行较大规模活动的场所。

(6) 结合防爆要求，在小区的东北角形成大片视野开阔的绿地公园。

(7) 通过阳台的曲线、进退等细部设计、建筑的质感与色彩的对比体现一种新颖的建筑风格与个性，弱化行列式布局先天具有的单调与呆板，形成较为活跃的建筑空间。

(8) 运用环境小品（灯具、标识、座椅、山石、室外休息亭等）与雕塑形成不同的视觉趣味点，既增强了环境的人文色彩，又对单一的线性空间在人视觉的高度上实现分割，形成局部的有着宜人尺度的空间围合感。

三、关于住区匀质空间的调查

美丽园小区一期工程在2001年9月已经正式完工并入住了，在这以后的几个月里居民对环境的评价究竟如何？居民的行为与环境设计的初衷、与环境意象是否吻合？匀质空间在实际的使用中究竟呈现出一种怎样的状态？这些都是令我们非常感兴趣的问题。我们分别在2001年的11月、12月和2002年的1月三个不同的时间段中对小区进行了回访，并且通过访谈和观察描点的方法，记录了人们对建成环境的一些评价以及实际的使用状况，具体的实验过程如下：

1. 人的行为与环境意象

实验：

(1) 行为及其领域性的相互作用——私密空间与公共空间、停留空间的特征，小群生态

① 人的行为如何适应环境

② 人们对环境的改造

(2) 意象与活动的吻合与异化

5

6

7

8

实验方法：观察描点法

我们在小区中确定了几个典型区域，对它进行了观察并拍照，并将这些实际状态与我们的设计意象进行了比较，试图通过对以下的几个方面的分析，发现其中存在的环境与人们行为之间的一些相互的关系与规律。

1）空间的秩序：研究人的活动与空间的使用功能之间的关系，同时考察环境意象与人们活动之间的吻合与异化。

"观察暂时的行为，会发现那里人们固有的特性。"这是我们进行这些实验的理论基础。我们选择的区域包括：宅前道路与私家庭院，中央步道，中心广场，喷泉广场。

① 宅前道路与私家庭院

意象设计：在方案的设计中我们有意识为每个底层用户设计了一个室外庭院，从而在住户的私密性空间与作为宅前道路的半公共空间之间加入了一个过渡性的半私密性空间。这样既可减少来自室外环境对住户的干扰，同时通过赋予宅前绿地一个界限，把消极空间变为积极空间，增加了整个环境的居住气氛和人们在宅前道路驻足交谈的可能，试图以此激活一种"街道精神"（图5）。

实际使用：在实际的观察中我们体会由于底层庭院的宜人尺度，使建成环境中的宅前道路具有了更浓郁的居住气氛，室外庭院成为底层住户的乐园，成为居民整理花草、交谈、锻炼、晒太阳等活动的场所。但是我们从描点实况发现，这样的设计并没有明显提高人们在宅前道路驻足停留的时间，其中的原因可能比较复杂，或许居民还没有完全入住、许多底层庭院并未被激活是其中一个原因（图6、7、8）。

② 中央步道

意象设计：中央步道是我们室外设计的重点，这是因为其建筑空间与传统的里弄与胡同都有一些相似点，即都是一种由墙或山墙围合而成的线性空间，我们通过曲折的水面配以绿地、植栽、山石形成一系列半私密性空间，并且以座椅、铺地等小品与细部的设计进一步强化这些空间的领域感，使山墙空间一改以往的消极性，试图营造一个吸引人们前往和停留的场所，一条促成人们交往和聚会的新里弄、新胡同（图9）。

9. 中心步道设计意象
10.11. 中心步道实际使用状况
12. 中心广场设计意象

实际使用：中央步道确实成为小区中人气最旺的区域，即使在冬天，在其中也包括了居民各种不同性质的户外活动，包括必要性活动——经过，自发性活动——散步、观望、晒太阳和社会性活动——儿童游戏、交谈等，同时从与小区居民的访谈结果来看，人们也大都对这个空间的使用表示了基本的满意，这说明我们的设计意图基本达到，这个的空间成为人们户外交往的主要场所（图10，11）。

③ 中心广场

意象设计：在这里，我们的设计意图是为居民可能进行的较大规模的户外活动提供场所。这样的活动包括集体锻炼、娱乐、集会等，同时这样的处理既是作为中央步道的一个起点或终点，也是出于一种对空间收放效果的考虑，在从一定程度上削弱小区整体环境过强的线性感，达到活跃空间气氛的作用并成为小区地标。在具体的处理上同样注重一种领域感的营造和不同空间性质的搭配组合：以硬质铺地与不同的高差变化给予人们领域感，以室外的廊架在这样的开放空间中形成的局部半私密性空间，使空间存在诱发多种活动的可能性（图12）。

实际使用：在实际生活中，中心广场成为人们聚集的场所，其中尤以早晨的活动最为显著。这里是老人们的晨练基地，太极拳、早操等集体活动几乎同时在广场的不同区域发生了，集体活动也增加了人们认识、攀谈并发生进一步社会性活动的可能。在观察中，我们也注意到了发生在这个场所上的一个异化现象，即它同时也具有了某种类似于田径场的作用，在早上和傍晚，我们都曾看到有青年人在广场上环绕花坛进行慢跑。我们认为形成这种异化现象的原因既有小区目前仍缺乏锻炼场地的客观因素，同时圆形场地的空间形态也成为诱发这种活动的一个因素。

④ 喷泉广场

意象设计：作为中央步道的另一个端点，喷泉广场采取的是以布景为主的手法。这既是对横跨在其与中央步道之间的城市规划道路（尽管目前这条道路仍为小区的内部道路）的一种因应，同时也为其北部的住宅遮挡了部分的交通噪声，并在喷泉、假山后形成相对僻静的廊架空间，从而形成了与开阔的中心广场迥然不同的空间效果（图13）。

实际使用：观察描点的结果显示，在这个区域进行活动的人群并不多，而且一般集中于广场的向阳面，在背阴的廊架空间活动的人更是少之又少（在三个时段的观察中，只发现有两人一次在其中进行交谈），活动的内容多显示为一些动态性的行为，如儿童游戏、散步等。这样的观察结果说明：促成人们驻足停留的空间除须具有一定的私密性与领域感之外，阳光同样是其中不可或缺的因素。从对整个小区的人群分布状况的研究中，我们同样可以得出这样的结论，在匀质布置的小区中，即使我们对宅间空地的空间形式与性质进行了细致的设计，在无法有效引进阳光的情况下，仍然无法吸引人们在这些区域中停留并交往，因此我们可以得出这样的原则：人们愿意停留的空间应是能充分接触到阳光的（图14，15）。

通过对以上四个区域的观察，我们认为人们的活动与建筑空间环境的使用功能之间存在着某种对应的关系。当我们的空间使用功能与人们的需求吻合时，这样的空间能够有效诱发人们产生相应的活动，特别当我们面对社会性活动和自发性活动这样"即兴发生的，具有很强的条件性、机遇性和流动性"的活动时，这样的诱导就显得十分重要了；当我们的设想与人们的实际需求不一致时，空间的使用功能就会丧失或发生某种异化。因此如何使我们的设计意图得到充分的发挥，有赖于我们对人们实际生活状态与行为特征的细致研究与分析。

2）空间的流动与分布：通过记录人们在一定区域中的步行轨迹，研究人的活动流线与空间环境的关系。通过对人群的线性与面性分布乃至空间的分布图形的研究，进一步考察空间环境对人们行为的影响。以下是我们分别在2001年的11月17日、12月16日和2002年的1月2日的三个不同的时间段中对小区一期工程的人群活动的描点记录结果（图16）。

通过这些记录我们不难发现，尽管匀质空间理论强调的是整体住居环境的均好性，但人们的活动总是集中在中央的步行区。即使人们在进行像外出与归来这样的必要性行为时，他们也总是乐于选择中央的步行区作为出行路线。这样的结果是形成了人群活动在小区整体空间环境分布上的不均匀性。产生这种现象的原因值得我们去认真总结和深入分析。

13

3）对这些区域中的小群生态与活动特点的观察与总结

小群生态是社会心理学的研究对象，在我们的实际工作中，"如果空间设计符合这种小群生态的特点，那么空间模式就与人们的活动模式较好地结合起来，反之则结合不好。"对建成环境的小群生态进行观察，有利于我们更好地了解人们的行为特点，成为今后工作的指导。从全时段的统计结果来看，小群的规模以2～3人为主（图17），在这种规模下的活动内容主要为交谈、散步，一般状态比较稳定，并能持续较长时间。5人以上的规模较大的小群一般只在早上，人们进行晨练时可以形成，但持续时间一般较短。小群活动地点的选择依据活动内容而定，2～3人的活动一般选择私密性与领域感较强的地方，如廊架下或小亭中，活动双方的空间距离一般较为亲密；而较大规模的小群活动则选择较为开阔的地方，如中心广场等，人们的空间距离则通常保持在一种适度的范围中。

2、社区满意度与社区归属感（邻里意识）

实验：

(1) 通过对居民对生活环境质量满意程度调查，试图探索当今社会个人在城市中活动模式的某些特征。

(2) 通过对邻里与住区活动的实态调查，了解在当今社会中，人们邻里意识的建立的特点以及邻里单元与邻里活动之间存在的一些关系。

实验方法：访谈法

德国的社会学家托尼斯（F.Tounies） 在其1887年出版的《社区与社会》（Community and Society）一书中指出：社区是基于亲族血缘关系而结成的社会联合。尽管这是一种基于"乡村社会"提出的带有明显的"田园诗歌"色彩的社区定义，对今天的城市社会现实不尽适用，我们仍可以从中感受到社区最初对于生活于其中的居民所具有的情感意义。然而社区对于今天生活在高流动性社会中的人们，是否仍然具有这样的重要意义呢？社区归属感与邻里意识在这样的社会中将呈现一种怎样的特征？这些问题都是需要我们去认真思索与回答的。我们认为建筑师的工作能否帮助生活于社区中的人们重新获得归属感归根结蒂在于他是否真正了解人们的心理需求与行为模式。因此，我们试图通过以上两组试验，调查和了解美丽园小区居民对于社区的满意程度，从而考察一种社区的归属感究竟在多大的程度上仍然存在，以及哪些因素影响归属感的形成。

我们须首先明确社区满意度与社区归属感的定义：社区满意度是指人们关于"社区生活条件、人际关系等客观方面的评价"；社区归属感则是指"居民对本社区地域与人群集合的认同、喜爱和依恋等心理感觉"。由于社区归属感更侧重于一种心理的感受，很难客观衡量，而有关于满意度的调查则相对较易实现，同时二者之间存在着一定的必然联系，因此我们认为通过对社区满意度的调查可以从某些方面了解居民的社区归属感受。

人们通常把决定社区满意度的因素划分为以下几部分：环境因素，如绿化、卫生等；文化因素，如文化设施、娱乐设施等；生活便利性因素，如医疗、购物等；教育与人文因素，如中小学、托幼等；管理因素，如物业、保安等。我们在以下关于社区满意度的访谈中依据这样一些因素设计了一系列问题，希望因此了解居民对整体社区的满意程度，同时我们也对小区的一些工作人员做了采访，希望借此从另一些角度更客观地对居民的感受做出评价。

通过居民对社区满意度的评价，我们可以总结出以下几点：

① 居民对社区环境的理解显然包含了两种涵义，一个是自然环境，另一个则是人文环境，而且后者往往给居民的印象更为深刻。无论是对保洁员、社区保安的"褒"，或是对物业管理的"贬"，都可以归结为一种人们之间的相互关系，这种相互关系的融洽或是紧张都直接影响着人们对小区满意度的评价。这表明人文环境因素仍然是决定人们满意度的首要因素，社区环境也因此成为影响社区满意度的最具影响力的要素，它从另一个角度说明了人们社区意识的存在。

② 居民的邻里意识在解决共同面临的问题时显得最为强烈。我们在采访中发现，许多居民的交往关系是在共同与物业公司进行某些交涉

13.喷泉广场设计意象
14.15.喷泉广场实际使用状况
16.小区一期工程的人群活动的描点记录结果

14

15

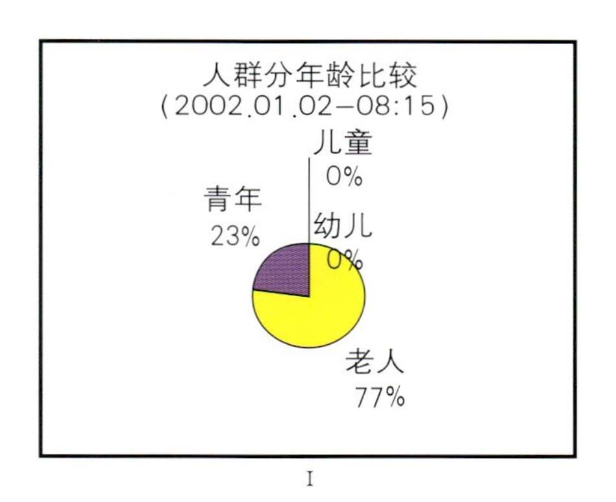

I

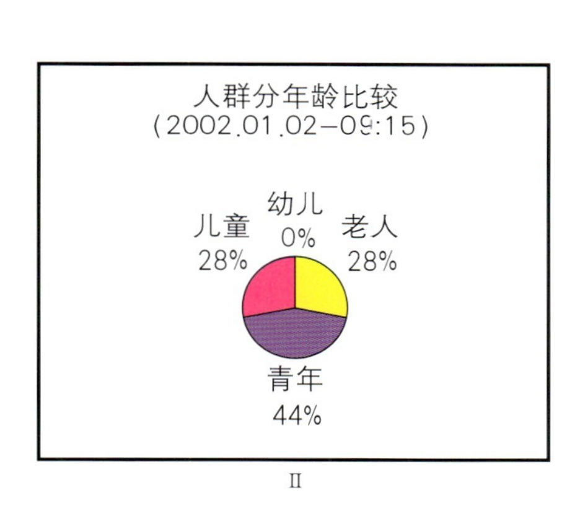

II

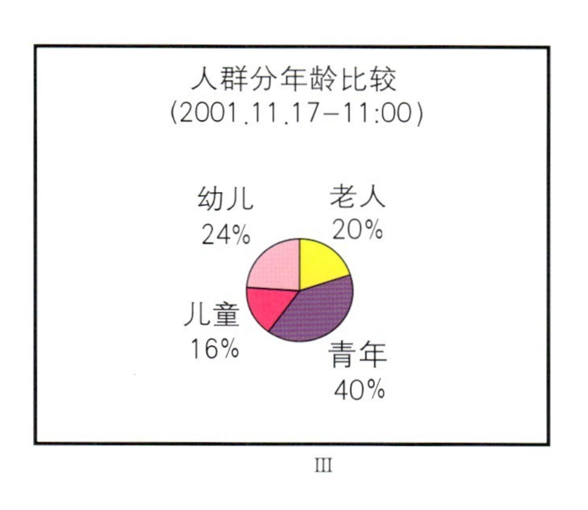

III

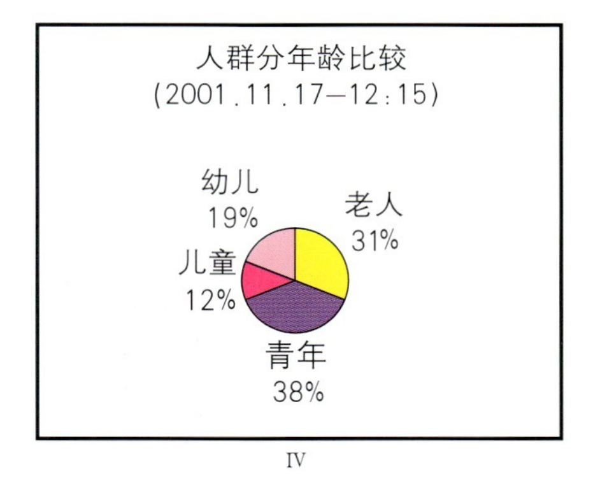

IV

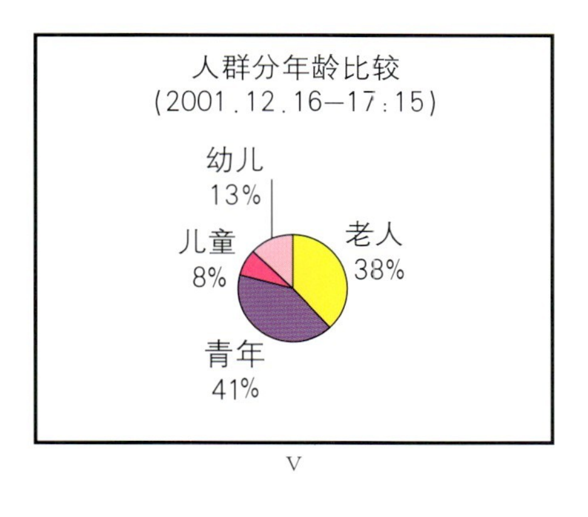

V

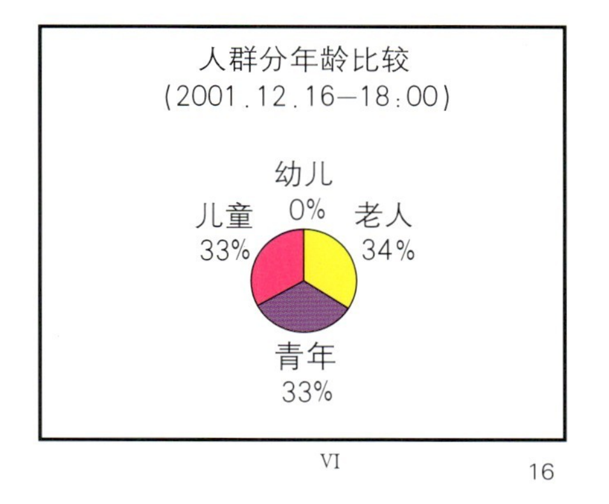

VI

16

的过程中建立起来的，同时又是在这样的反复交涉中得到了不断的强化，交往的群体规模也因此而扩大了。这与半个多世纪前美国社会心理学家J.萨特尔斯和A.亨特的理论不谋而合。他们认为贫民窟与工人阶级的邻里都存在强烈的社区归属感，即社区归属感的建立很大程度上取决于社区居民间是否或是在多大程度上存在着共同的需要，这种需要越强烈，居民间的社区归属感就越强。

③ 尽管人文环境对社区满意度起着重要作用，我们仍不应忽视居民对客观物质环境的需求。显然，一些户外的体育器械与文化设施是诱导人们发生交往并因此建立邻里关系的重要因素，人们对这些设施所体现出的强烈要求可以被看作为一种对邻里交往的渴望。

④ 居民普遍表现出的对机动车所带来消极影响的"漠视"从某种程度上说明了人车分流的社区规划思想仍然具有重要的实际价值。

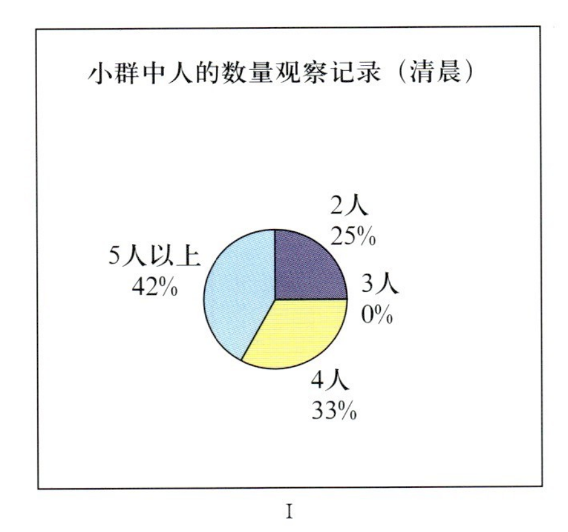

I

小群中人的数量观察记录（中午）

4人
21%
5人以上
0 %
3人
32%
2人
47%

II

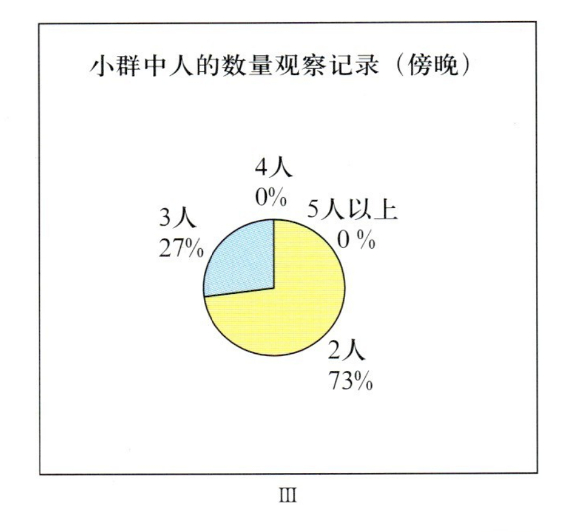

III

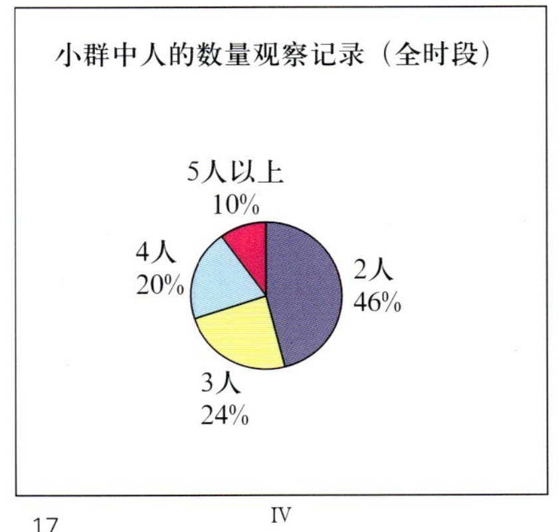

17　　IV

⑤ 居民对教育、医疗设施需求的相对不强烈，说明了人们的教育、医疗模式在发生着变化。人们对学校的选择并不以离家的远近作为首要标准，而更多考察的是学校真正的教育水平。对医疗机构的选择亦然。因此我们有必要对以往的小区配套公建理论作出修正，使之更符合当今人们的生活模式与行为特点。

不可否认，影响与决定人们的邻里意识与社区归属感的原因是多方面的，单靠建筑师或规划师显然并不能完全解决所有问题，但是种种的事实表明，我们至少可以在社区环境的营造上做些工作，以诱发人们的邻里意识；我们至少可以在社区规划的初期有关设施的设置上做些工作，以尽量满足人们的需要。社会心理学家斯坦利·米尔格拉姆认为：城市社区居民间的冷漠在于他们没有能力去处理日常生活中的大量的认知信息，我们的目标在于使我们设计的环境能够帮助人们释放一部分心理压力，而不是正相反。

四、关于住区匀质空间的经验与设计原则总结

通过对美丽园小区的调查和分析我们可以总结出关于匀质空间的一些经验和设计原则。

1. 关于匀质空间与非匀质行为

匀质空间理论中的"匀质"，从某种程度上更倾向于表现为一种建筑空间形态上的均匀性与单纯性，一种居民居住条件上的，即通风、采光、朝向、绿地等方面的均好性。当然这种"匀质" 同时也会带来最大的土地利用率（这不光是开发商的需要，对人类的长远发展而言，土地资源的有效利用和保护仍然是值得我们给与充分关注的）。而从生活于其中的人们的行为来看，却呈现出某种不均匀性。无论从人们的空间流动轨迹图，抑或是从人们行为的空间分布记录，我们都不难发现这样的不均匀性。这种不均匀性具体表现为：形成交往活动的空间在区域分布上的不均匀性，不同年龄的人们在进行户外活动时间分布上的不均匀性（图18），参与交往活动人群年龄分布的不均匀性，交往活动内容本身在区域分布上的不均匀性等等。造成这些不均匀性的原因是多方面的，其中既有由于人们年龄、文化与经验背景的不同所形成的人们在需求上的差别的原因，同时也有客观物质环境上的实际不均匀性所带来的对活动诱导程度的差别的原因。因此在进行匀质空间的设计时，建筑师与景观设计师对不同的区域应提出不同的设计方案，这样的差异性应体现在对不同人们的活动需要的关注、对不同活动内容的关注以及对不同的活动时间的关注上；同时应充分注意人们的趋阳性，在进行建筑布局时应尽可能使两楼长边相对的空间保证一定的日照时间（实现这一目的的方法有很多，可以考虑使建筑与正南北向产生一定的夹角从而引进阳光），为在这些区域产生活动提供可能。应借鉴中国传统的胡同、院落与里弄的空间特点，有效利用建筑的山墙侧空间，对宅前道路两侧的景观营造给予充分重视。既可以通过建筑的质感与细部空间处理（如阳台的进退与外形），也可以通过一系列景观处理手法，构建户外半私密性与半公共空间，弱化由于行列式的布局所带来的宅前空间的单调的线性感，创造适宜人们交往的尺度宜人的户外环境。同时我们仍需注意的是在注重这些重点区域的环境设计的同时，不应忽视其他相对次要的空间环境的营造，在这方面我们应有"均好性"的理念，以免人为造成社区环境质量的不均匀性。

同时我们应该注意到，目前我们所讨论的"匀质"仍然停留在一种相对静态的、图形空间层面上的一种机械的匀质。这是一种初级的匀质空间概念，它应朝着一种更高层次上的"匀质"发展，即朝着一种动态活动中存在的匀质发展，这是我们应对以上所指的实际状态中存在的不均匀性的必然结果和唯一选择。

2. 关于现代条件下的社区归属感（邻里意识）的营造

居住环境的营造是以下两个方面共同作用的结果：一是软件方面，即住区的物业管理水准，"一个小区有完善的服务设施和人性化的服务方式，有安全感的环境，可以弥补很多其他方面的不足"；二是硬件方面，即是"建筑师应该探索的适合人的居住心理要求的居住环境的营造"。在对小区居民的社区归属感进行调查的过程中，我们能清晰地感受到这两方面的重要性与不同意义。

不可否认，在当今的社区中，居民－业主与物业管理公司之间普遍存在着尖锐的矛盾。

17.关于小群中人的数量的观察
18.分时段人群活动统计结果，显示不同年龄段人们的活动时间分布呈现不均匀性

这样的矛盾虽然强化了居民的邻里意识，但我们应看到的是这种邻里意识是建立在一种消极的背景之下的；随着住宅市场与消费者的不断成熟，各项法规、政策的不断完善，这样的矛盾应被逐渐消除。我们希望看到的是随着这种邻里意识促成因素的消失，一些更为积极的精神层面的促成因素能够出现。这就需要我们的管理与服务能够认识到这一点，通过建立适合的模式实现社区环境软件方面的宜人化。

作为设计者，我们更应关注的是如何营造适宜的外部空间物质环境，以诱导人们通过交往逐步建立邻里意识，强化一种社区的归属感。正如我们从调查中得到的结论一样，我们可以通过在社区中设置满足人们需要的文化娱乐设施，增加人们接触与交往的机会；通过合理的布局和统一的规划，实现社区与社会交流便利性的最大化，满足人们对便捷性的要求；通过对不同人们的生活模式与行为特点的仔细分析，确立满足特定区域与居住群体需求的社区模式，在规划的初期就使我们的硬件环境具有一定的针对性，为更好地发挥软件的作用确立良好的基础。

结语

由于住区"匀质空间"理论本身仍处于一种发展与摸索的状态，我们关于美丽园小区的实态调查无论从次数上或是从人群的代表性上都远没有达到得出一种科学结论所需的标准。这样的调查结果充其量仅是符合于小区建成初期的冬季的实际状况，因此所得出结论的科学性仍有待于在以后不断的考察中去检验。但仅仅从这样的非常粗略的研究中，我们仍不难发现有关住区"匀质空间"的一些规律。尤其是其中有关"匀质空间"与人们行为的非匀质性的考察，对我们在今后进行类似这样的匀质布局住区的环境与空间设计，具有较强的借鉴意义。而有关社区满意度与归属感调查的意义应更为深远，因为它使我们得以从考察人们的心理需求层面出发去进行住区规划与环境设计，这样的出发点显然是更具积极意义的。

关于住区规划的探索仍在进行着。我们如此重视相关理论的研究正在于住宅是"家"的容器，而"家"又是"个人世界的中心"，是人们最可珍视的地方，是人们心灵的庇护所。每每想到这一点，总使我们感觉到一份沉甸甸的责任感与自豪感。

参考文献

1. 吴良镛著·《北京旧城与菊儿胡同》 中国建筑工业出版社 p94，1994
2. 尹辉 文·《试析居住社区中的"院"》·《安徽建筑》p72，2000.6
3. 肯尼斯·弗兰姆普敦，原山等译.《现代建筑——一部批判的历史》，中国建筑工业出版社，1988
4. 转引自潘大康 关颖 文·《社区归属感与社区满意度》·《社会学研究》 p50，1996.3
5. 常怀生编译·《建筑环境心理学》 中国建筑工业出版社 p52，1990
6. 陈向东·《创造良好的居住环境——居住区归属感的探索》·《时代建筑》 p66，1998.3
7. 姚时章 王江萍编著·《城市居住外环境设计》 重庆大学出版社 p31，2000
8. 李道增编著·《环境行为学概论》 清华大学出版社 p31，2000

作者单位：中国航天建筑设计研究院五所

幼儿人数在一天不同时间的变化规律
人数
时间
8:15 9:15 11:00 12:15 17:15 18:00
0 0 6 8 3 0

I

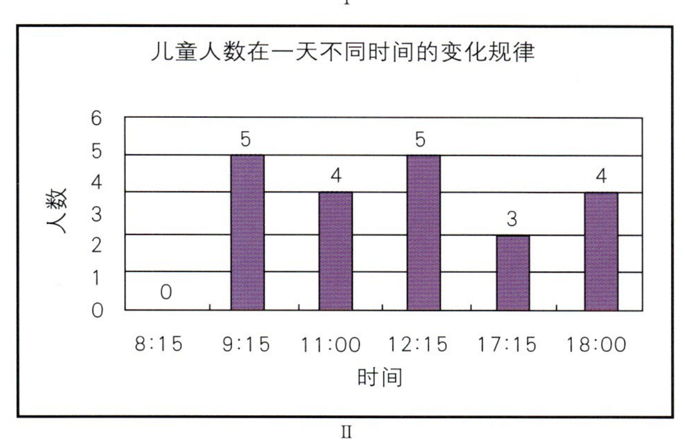

II

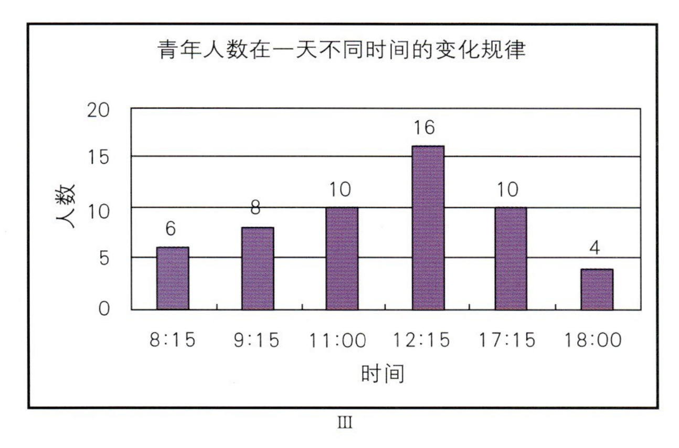

III

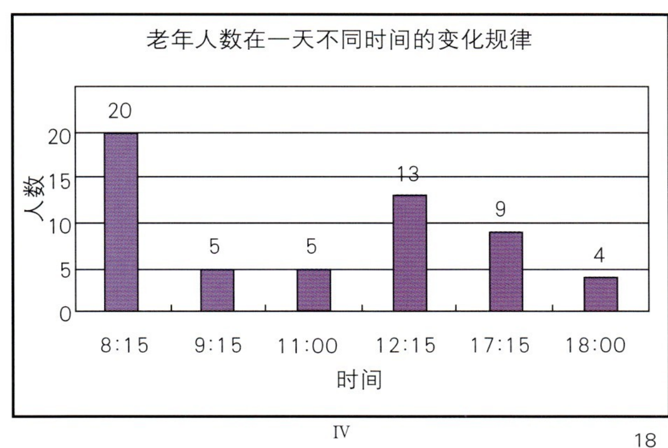

IV

18

李道增 By Li daozeng

日本豪斯登堡生态旅游城的启示

摘要：文章通过对日本豪斯登堡生态旅游城的细致考察与详尽介绍，为我国城市建设提供了启示。通过认真规划设计、精心建设和运营，旅游城市可以获取经济发展与环境保护的"双赢"，并为城市居民提供高品质、多元化的文化空间和方便高效的人性生活空间。

Abstract: Through the careful inspection and minute introduction of Housdenburg eco-tourist city in Japan, the article provides the revelation for the construction of cities in our country: tourist cities can achieve the "double won" of both the economic development and the environmental protection through the prudent planning and the careful construction and operation, providing the high quality and pluralistic cultural space as well as the convenient and efficient humanity space for people in cities.

1

豪斯登堡(HUISTENBOSCH)位于日本九州长崎县佐世保市的大村湾。1699年（日本江户时代，元禄12年）已在该地围垦造田，1946年（昭和21年）曾在此建海军基地。20世纪70年代又在大村湾的一角填海造地，拟开发成工业园区以发展地方经济，当时适逢全球性石油危机，该计划随之告吹，只剩下一片寸草不生的荒地。由于土质的碱性太大，淤积的海水又不易排出，后来用了大量的沃土、肥料、泥炭灰和酸性中和剂进行土壤改良，又顺着排水方向挖了成排的沟渠，并埋入无机材料制成的软塑料排水管以排除地下多余的积水，再在其上覆以沃土以利植物根部的生长，种植了40万株树木，30万棵花卉，使土地重新恢复生机。

豪斯登堡的建设投资由日本15家大公司、大企业和银行进行资助，根据设计公司"日本设计"的预算，计划总投资为5,400亿日元，第一期预算为2,240亿日元，到目前已花去约3,000亿日元。从1986年开始，共用了6年时间（3年规划设计、3年施工建设）才在这片荒地上初步建成一座美丽动人、仿效荷兰城市与建筑形式的生态旅游城，该城占地152hm^2，是东京迪斯尼乐园的两倍。第一期仅开发其中的118hm^2。1989年4月土地平整工程完成后，隆重地举行了祭地神典礼，荷兰娜露普列特公主应邀出席了典礼。1992年3月25日开幕营业，这是日本第一家由企业投资并运营的城市。每年接待日本国内游客约400万，亚洲游客约20余万人次。号称是亚洲最大、最新的休闲、观光、度假的主题乐园（图1）。

豪斯登堡在荷兰文中是"森林之家"的寓意，荷兰女王贝亚特利克曾将她住过的一座宫殿命名为豪斯登堡。这座旅游生态城以豪斯登堡命名是通过外交途径正式获得荷兰政府同意的。

荷兰在英语(NETHERLAND)和荷兰语(NEDERLAND)中都有"低洼之地"的含义，是世界著名地势低洼的国家，国内40%的土地低于海平面，余下的60%海拔不到1m。荷兰地处欧洲西部、北海东岸，正好位于从北海吹来季风带的主要位置上，常年受益于季风。13世纪荷兰人开运河、筑堤坝、搞排水、围海造地，与洪水作斗争，对动力需求十分迫切。为了解决动力问题，1229年荷兰人发明了世界上第一座风车，风车实际上就是一座巨型发动机，借助风力做动力源，通过齿轮、轴承等部件转换为机械能。荷兰利用风车排水、变沧海为良田。他们与海争地，在艰苦奋斗中培养出勇敢、刚毅的精神，结合自然，建设美好家园。古朴的风车与运河却成了象征荷兰的标志。

20世纪80年代中期，日本投资者委任建筑家神近总经理负责把佐世堡市的这块荒地建成一座重现17世纪荷兰文

1.豪斯登堡景观
2.共同管沟最大剖面尺寸
3.共同管沟标准剖面尺寸

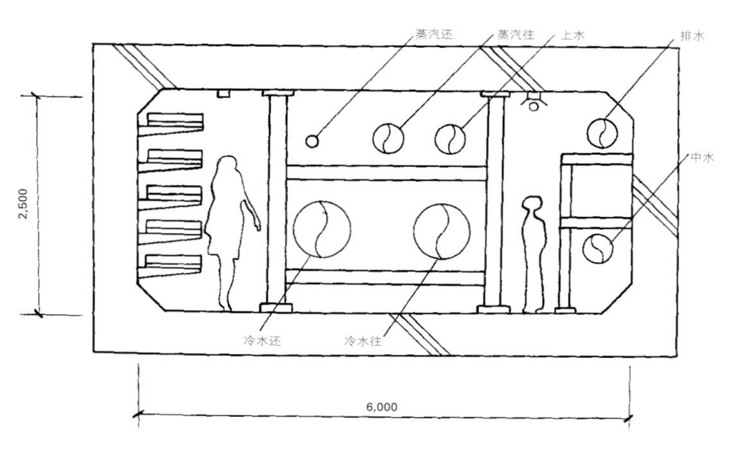

2

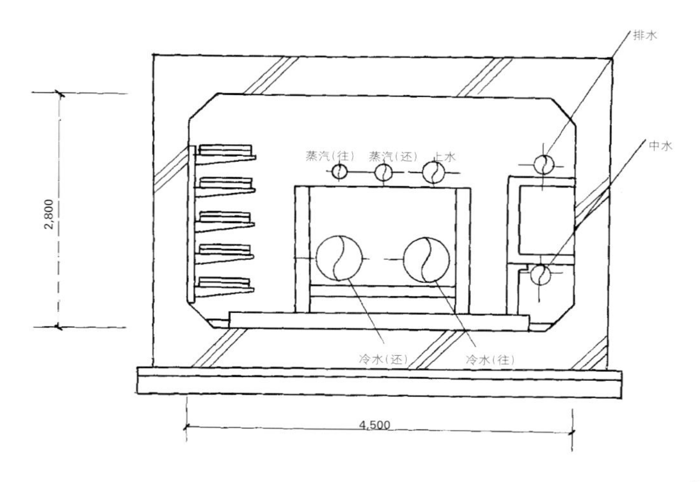

3

化特色的旅游城。为了汇集人才和智慧，神近组成了以池田武邦为首的15人委员会，全部聘的是各专业高级技术专家与教授来协助并指导这项工程的规划建设。他们中有城市规划家、建筑家、园艺家、历史学家、环境与生态学家、海洋学家、旅游开发家、作家、评论家等等；又进一步请了荷兰的城市规划、园艺与水利专家与日本专家一起共商对策。此项工程的规划、设计是由"日本设计"承担的。神近把握的总方针是向荷兰人学习，荷兰的城市规划与设计一贯极为重视对环境的保护与生态平衡以及城市空间、形态、尺度的人性化等问题。这将是21世纪城市发展的方向，也是自古以来人类面对城市建设永恒的主题。与此同时神近还主张一定要充分发挥日本技术先进的优势与日本人的创造性，使这座城市既宜于居住、休闲、观赏、游乐，又在技术上无愧于站在时代的最前列。

当时的日本虽然在技术和经济上已超过荷兰许多，但在城市建设问题上毫不自满，仍能虚心向荷兰学习，可见其对"吸收性战略"执行得是多么认真而彻底。该城的开发建设和运营，确有值得深思和借鉴之处。

一、 环境保护与经济发展"双赢"的可持续发展战略

该城从策划之始，就不仅是要建一座休闲度假的游乐园，它还有一个目标，就是探索21世纪生态城可行的模式。按现代生态经济学的理论来建设生态城，首先要求做到城市能在环保与经济发展两方面获得"双赢"。进一步说，城市的经济再生产能持续运行的必要条件是不能超过该地区自然再生产的负荷。凡是超过自然再生产负荷的能力，就都无法保持经济再生产健康、稳定、持续地运行下去，必须加强对自然再生产的保护与补偿。这是迈向可持续发展必须依循的生态规律，也是建设生态城战略决策中之关键。

豪斯登堡确定在经济上以发展旅游业和商业服务业为其支柱产业，不安排工业。从而减少许多对环境污染的不利因素，使城市的环境问题相对易于解决。在规划建设之初，就加大了一次性投资的力度，建设了一系列环境保护设施，如：建设了污水处理、中水利用、发电余热供暖、固体废物和生活垃圾处理等等设施；各类基础设施的技术选择都比较先进。

结合规划首先建了3.2km长的地下管网共同沟（图2、3），其横剖面尺寸最大为宽6.2m、高2.5m（一般标准宽4.5m、高2.8m），将所有给、排水、中水、冷暖气管道、电力、通讯电缆和光缆均敷设在共同沟中，使这些管道既便于安装、拆改，又便于维修。且城内地面以上不出现一根电线杆，大大有利于城市的景观。

所有的运河两岸以及海水防护堤都不用水泥混凝土，而用天然石块砌筑，在石缝内留有空隙，利于微生物、藻类、鱼、虾、蟹、贝等水生动植物共生，这不但提高水质自净能力，还带来水产品的丰收。大自然的回报不会亏待人们所付出的劳动，这一经验是从荷兰学来的，这正是荷兰人为什么从遥远的阿尔卑斯山区运石块砌筑堤坝的原因所在。

豪斯登堡还利用大村湾海水涨潮、退潮之水位差（一般约50cm、随

大村湾

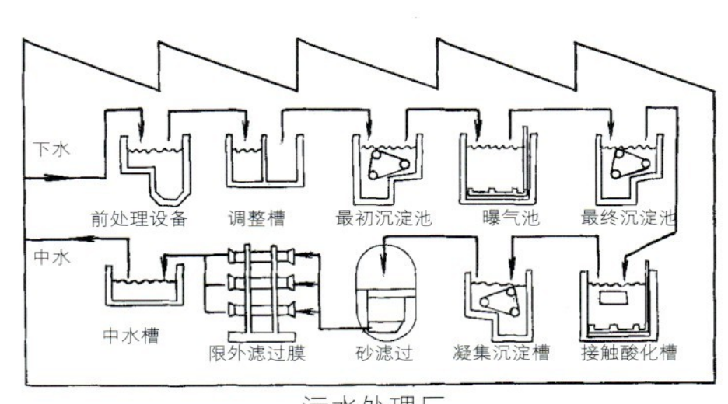

污水处理厂

海水淡化装置

24 小时能源值班室

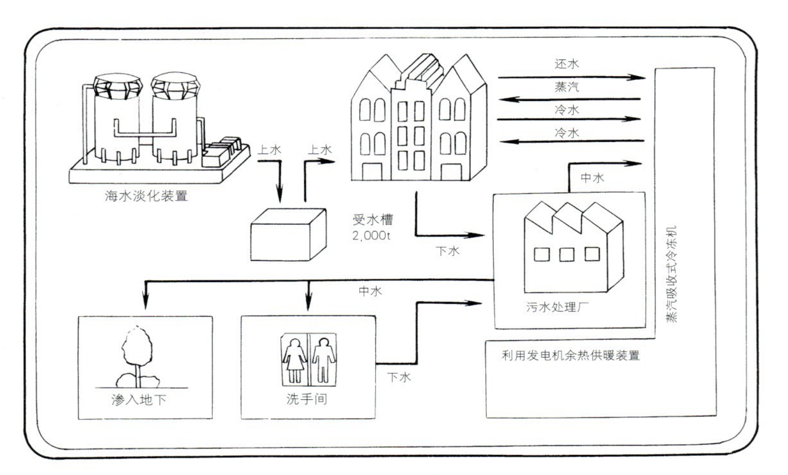

蒸汽吸收式冷冻机

利用发电机余热供暖装置

4

季节不同而变化），进行运河换水，以保持水的流动与水质的清洁。运河通向大村湾设两座水闸，一东一西，便于游艇出入。早上涨潮时打开东面水闸，海水流入运河；傍晚退潮时打开西面水闸，运河中的一部分水又流回大海。这也是从荷兰阿姆斯特丹学到的保持流水不腐的节能方法。

豪斯登堡每天由佐世保市供应淡水 3,600 t，为保证节日参观高峰期及枯水期用水，还设置了最先进的海水淡化装置，需要时每天可补充供应 1,000 t 淡水。市内所有污水都集中到污水处理厂，污水经过 3 级处理后，还要再经过高级处理，方可作为中水使用。中水的生产能力为日产 2,700 t，占城区用水量的 40%，中水用作空调冷却水、冲洗厕所、浇灌花草和市内树木及洗车等等，剩余的中水使其自然渗回到土壤中。

长崎县规定大村湾污水排放标准的 BOD 值为 20ppm 以下，而豪斯登堡执行的是更严格的 5ppm 以下、排入土壤渗入运河的是 1.8～1.7 ppm。保护水环境的一系列有效措施，使豪斯登堡赢得日本环境厅 1995 年颁发的“水环境奖”和 1999 年国土厅颁发的“水资源功绩奖”。

供暖方面由三台先进的燃气涡轮发电机的高压蒸汽废气余热作为热源；不足的部分使用另三台以天然气为燃料的锅炉补充供应热水和暖气，原因是天然气燃烧对大气污染较少。在供暖锅炉的对面、同一厂房内设置了三台大型冷冻机输送冷却水到各需要供冷的建筑。每年四月到十月供冷，十月到来年四月供暖。能源控制中心设在厂房的二楼，24 小时值班，无论何时、何地出了能源供应故障均立即在控制中心墙上的仪表中显示出来。豪斯登堡能源利用率为 71%，属世界先进水平。自 1999 年 3 月起又开展利用天然气和大气中的化学元素合成新能源的研究，开始迈入世界新能源科研的先进行列（图 4）。

豪斯登堡一直被当作研究性开发的实验基地，垃圾处理就是其中的一个重要课题，下面将他们采用的做法作一简要的介绍：

要求居民把垃圾严格分 3 类投放：第一类：厨房有机垃圾和食物垃圾装至可分解的垃圾袋中；第二类：废纸等可燃垃圾；第三类：瓶、罐、器皿等不燃垃圾。

规定一：花园、街道的落叶、修剪草坪的杂草均就地掩埋在树根下作肥料。规定二：废旧报纸、杂志、废油等由专人定点回收，不得投入垃圾箱。

生活垃圾进行分类收集和处理，分类收集后的垃圾由专业人员进行如下的分类处理。

(a) 厨房有机垃圾添加发酵菌进行搅拌促使发酵，加工成优质有机肥，供园区花卉、树木施用；

(b) 不可燃的和无法降解的垃圾经过分拣，将可再生利用的部分加工为可用物品；

4. 环境设施图解
5. 荷兰专家拟制的豪斯登堡城市发展过程图
6. 荷兰式风车
7. 旧城区街景

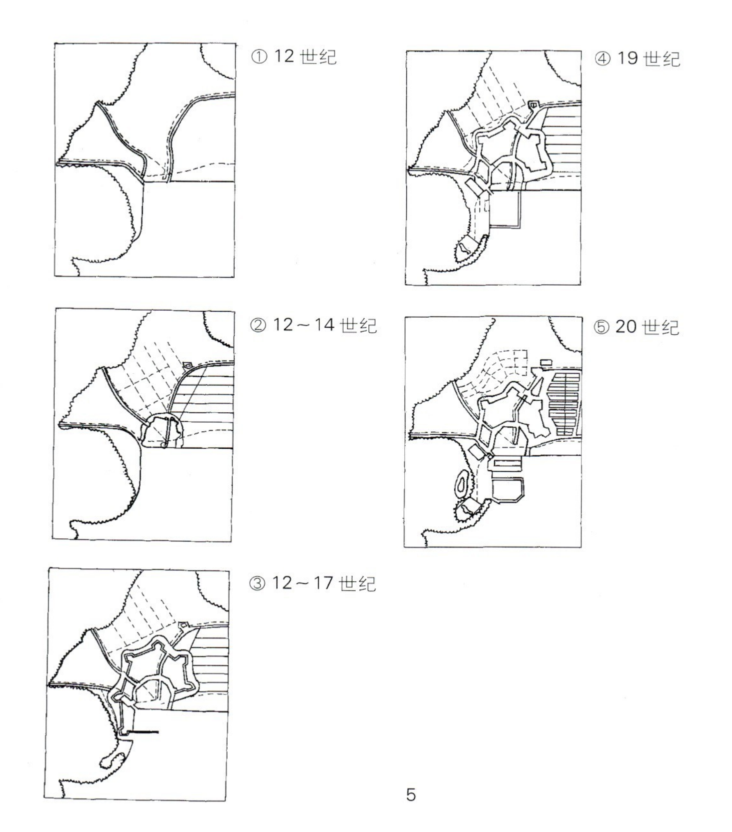

5

（c）可再生利用部分拣除后的可燃垃圾最终进行焚化；

（d）食物垃圾执行日本国家颁布的法案。该法案要求食品制造商、零售商和餐馆在2006年前，废弃食品的循环率不低于20%。对达不到要求的企业，政府将以重金罚款，并将惩罚向社会公布。

据知日本东京著名的拥有34家餐厅、50个厨房的新大谷饭店，每天倒弃的垃圾食品多达5 t，过去每年需向政府缴纳25万美元的垃圾焚烧费，1999年5月该饭店的工程师们设计安装了一台处置机，全部废食品掷入机内，与饭店污水循环系统处理的一些污水混合，再经过一个星期的发酵，每天可生产700kg优质肥料；又将这种肥料卖给一家生物公司，由他们制成混合肥料再卖给农民，市场售价每吨可达150美元。

豪斯登堡绝大部分居民都受雇于旅游业和商业服务业，以接待每年由世界各地纷至沓来的400万游客，职工总数已达2000人。不少居民都分散在琳琅满目、丰富多采的购物中心专卖店和餐饮、酒吧、咖啡店、美食街以及各种娱乐观光设施中工作。市面繁荣、经济效益很好。豪斯登堡的生态环境质量不但得到居民的盛赞，游客们也都赞不绝口，环境与经济在双赢中得到了共同的可持续发展。有人说："评价环境质量最好的检验办法是看各种野鸟是否飞回来了，鸟类对大气和水是最敏感不过的，如果都回来了，说明环境有极大改善。"目前豪斯登堡的天鹅已有近百只，其他水鸟如野鸭也不少。

二、 城市构思从"立异"起步，突出文化与艺术品位，将"特色"发挥到极致

这是笔者对豪斯登堡构思最简要的概括。设想，在无任何名胜古迹的大村湾那片不毛之地上搞旅游城设计，用一般的老办法是找不到答案和出路的，必得在"立异"中起步。"立异"能引出妙想，妙想也正是灵感的"原创性"所在。

尽人皆知，游客就是想去那种平时享受不到、领略不到、陌生而具有特色、最"新"、最"美"、最具"异趣、异乡情调"的地方，这是旅游点的灵魂所在。只有艺术品位高、历史文化内涵深、自然与人文景观兼优的旅游点，在市场竞争中才占优势。豪斯登堡正是以此为目标进行策划的，并且是有缘由的。

原来离大村湾不远，乘船大概要40分钟光景，即可到达一座早先建成供人游乐、观赏的荷兰村。这座荷兰村也是由神近设计建造的，只是规模要小得多。荷兰村因其景观特色而十分吸引游客，直到2001年才关闭。看来投资开发商与神近正是基于荷兰村的实践才敢设计建造规模更大的荷兰城——豪斯登堡。将荷兰村视为豪斯登堡的前身并不为过。

人们不禁要问为什偏偏选择荷兰而不是其他的欧洲国家呢？这是因为荷兰和葡萄牙属第一批欧洲人来到日本进行交往的国家，17世纪的日

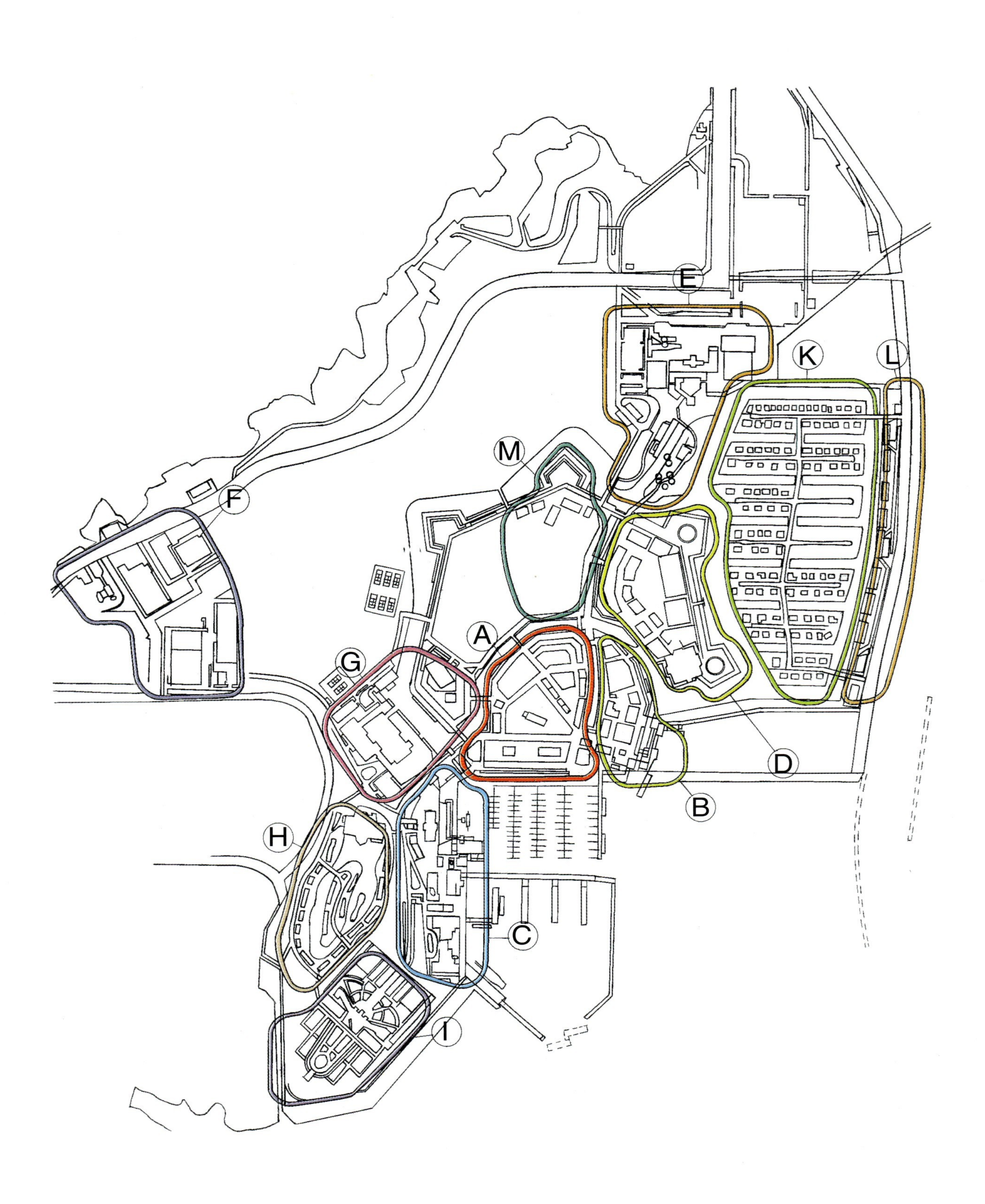

E
K
L
M
F
A
G
D
B
H
C
I

8. 城市总平面分区图
9. 德姆特伦高塔

本正处于闭关锁国的时代，长崎在当时成了日本唯一对外开放的窗口。长崎有一座平面呈扇形的小岛，允许荷兰商人在此停留、洽谈商务。日本至今仍然要考虑与荷兰有过这一段历史渊源关系。

在规划之初，日本邀请的荷兰专家抵达日本后，神近要求他们先写出一份有典型意义的以荷兰所有城市为背景的荷兰城市发展史，再结合大村湾的具体自然条件，根据荷兰城市发展的规律，设想出一部大村湾由12世纪一个小渔村逐步演变成由运河与城墙环绕的城市，又经过17世纪海外贸易的拓展、18、19世纪的工业革命、20世纪的信息革命、一步步繁荣发展至今的城市发展史（图5）。那份图文并茂的历史资料成了总图规划的重要参考。豪斯登堡的具体城市风貌采用了14世纪荷兰古城纳卢登作为借鉴的范本，城市的总图是经过好几轮方案的讨论比较才确定下来的。出于要在亚洲国际旅游市场中占有一席之地，神近等决定在豪斯登堡开凿了6km长的运河环绕并流贯全城，为游客增添了乘游艇沿运河绕城一周、享受水城中有荷兰特色令人陶醉的风光。游客坐在船上、边饮咖啡边赏美景，不时可见大片色泽艳丽盛开的郁金香与悠闲自在的白天鹅在水中嬉戏游荡。神近等在豪斯登堡又建造了被荷兰人视为国宝和民族象征的荷兰式风车群（图6）（据说18世纪，是荷兰建风车的鼎盛时期，全国有18,000座风车，现存980座。每年风车节时，荷兰全国风车一齐转动，举国欢庆）。在豪斯登堡的重要建筑中，每一栋建筑的外立面都是有根有据，准确地模仿荷兰现存的历史性古建筑建造出来的。除运用荷兰的建筑技术、细部装饰外，连红砖等建筑材料与铺地的小块砖石都是从荷兰购买的。日本人要仿造什么，一向以学得到家、彻底、精确，一丝不苟著称。

身临其境漫步在豪斯登堡街头，就仿佛闯入了中世纪欧洲的城镇一样。城中禁止私人汽车行驶。建筑的层数和街道的宽度具有人的尺度感，充分体现人本主义思想，体现人是街道的主人。这种由历史孕育出来的街道、广场以及那些街道与运河合一的空间极富人情味和鲜活的生活气息。人性化的街道和广场，给造访者一种在别处领略不到的情趣：悠闲，舒适，精神彻底放松，忘却世间一切烦恼和紧张，自由自在地想往哪里便往哪里；伫立在街头，使人不由自主地突然发出一丝怀旧的感叹："现代科技社会似乎失缺了一些人类本应十分珍惜的、不复再现的历史神韵与诗意情怀"。深感城市的艺术风格是那般统一，个体建筑形式又那么多样、那般富于个性，实属罕见。没有对城市设计的深刻理解与整体把握，是难以做到的（图7）。

城市中心由高约105m的德姆特伦高塔统帅全局（图9），游客可以乘电梯上到80m高处的厅内俯览全城，四周有教堂尖顶与各色秀丽的北欧式小尖顶与之呼应，天际线有起有伏、有抑有扬。城市的中心与边沿、高潮与序曲既对比又谐调。街区的内院、广场有疏有密、有开有合，有露有藏、有围有透；建筑外壁色彩浓、淡、冷、暖相间。公共建筑的布局有规整的也有自由的、即使在追求完整中也带有几分放松、洒脱的意趣。建筑造型有追求纪念性的、也有讲究潇洒自如的、总是既有浪漫也很讲理性，于奢华豪放中寻求细腻，于简朴平淡中寻求余韵；犹如18世纪巴哈的音乐，以若不经意的手法，创作出浑然天成、令人神往的艺术神韵。任何动人的建筑艺术也如音乐一样，都不可能是偶然而得的，都是建筑师苦心经营的结果。

三、"处处为游客着想"，提供完善的旅游设施

游乐园在国际旅游市场的竞争中能否站稳脚根，还取决于其物质设施的配置达到什么级别的标准？各类设施究竟能提供游客多大的选择？总的服务质量与管理能否持久地保持较高水平等等因素。日本的旅游业多年来更以"处处为游客着想，提供多样选择"这句话作为豪斯登堡服务的中心思想。下面就从提供设施、为游客服务及组织园内表演活动等方面作些简要的介绍。由于豪斯登堡是座旅游城，还得先从城市总平面谈起。

(A) 旧城（红色线内）
(B) 博物馆区（浅黄线内）
(C) 荷兰渔村区（浅兰线内）
(D) 新城区　（黄线内）
(E) 布露凯莲区（杏黄线内）（即出入口区）
(F) 基础设施区（浅紫线内）集中设置了海水淡化，污水、中水处理设施，冷、暖与热水供应、电力供应的能源控制中心以及车辆修配、仓库设施等。（有单独出入口）
(G) 尤特莱区（粉红线内）
(H) 森林公园区（浅赭线内）
(I) 豪斯登堡宫殿区　再现了荷兰女王贝亚特利克斯曾住过的的宫殿，现作美术馆用，后有景观壮丽的巴洛克式花园）
(K) 瓦森纳区（浅绿线内）
(L) 公寓区（橙黄线内）
(M) 福利斯兰区（翠绿线内）

1，分区各有特色的城市总平面：

城市的主要出、入口在城市的北面。快速列车站在入口的北偏东方向。出入口外有大片停车场，供私人及出租车停车。临近有3家旅店：一为豪斯登堡全日空饭店、二为安娜饭店、三为郁金香饭店。城市的出、入口是分开的，入口靠东，出口靠西。私人车禁止入园。游客凭票入城即领取观光指南，指南中附有城市简图，图上标明各类游乐、观光、餐饮、旅馆、购物及公用设施的名称、位置，并注明使用要收费或免费、收费价码等，使游客一目了然。观光指南有各种文字的版本，便于各国来的游客使用。

城市的南侧面向大村湾海湾，有船码头与游艇，通过定时航班与其他地点联系，乘船来的游客在此上岸，也算是城市的南大门。城市被主要道路与运河分割成12个区，所有主要的建筑与设施按其所在区分别列出（图8）。

2、一应俱全的各类旅游设施：

根据约略统计：

（1）博物馆与游乐建筑：12个区中供观光游乐的各色建筑共25栋，其中11栋属博物馆；12栋属娱乐性设施；用作美术馆的豪斯登堡宫殿内有日本最大的圆顶壁画。

（2） 餐饮设施：市内设有各国风味餐馆、料理、咖哩屋、比萨店、通心粉馆、酒吧、咖啡屋、面馆、奶酪蛋糕店、茶座等53家，可容纳座席总数达6023座。"世界美食街"更由名厨烹调世界各地的美味佳肴；尤特莱区沿运河的露天阳台是游客们一边进餐一边眺望沿河美景的绝佳去处。尤特莱广场会堂可用作举办大型国际会议会场或宴会厅。

（3） 购物设施：供购物的大、小商店及购物中心总数达70家，商品琳琅满目；"世界集散市场"集合了各国的传统工艺品，游人一边购物、一边还可欣赏民间工匠一流的技艺表演。

（4） 旅馆设施：供住宿、渡假或开会的旅馆位于城内的有几家，最高级的是皇家迎宾馆：它只有9套高级套房，供会员专用与接待皇族或国家领导人等贵宾使用，其法式餐厅是豪斯登堡最高级的餐厅。其次是欧洲大饭店：其宴会厅、接待设施的豪华程度在豪斯登堡名列榜首，有客房329套，其建筑形式是再现有100年历史、风格独特建在荷兰阿姆斯特丹的"欧洲大饭店"；其他为丹哈格大饭店，外型是参考18世纪的荷兰皇宫设计建造的，有客房228套；阿姆斯特丹大饭店：有客房203套，都有一侧客房直接面对海湾，其外立面则以荷兰古朴的城市建筑为原型，极似民宅，充满平和、自然气氛。森林别墅也有105间客房可出租，不过完全是另一种情调。几家旅馆的位置较近，大、中、小会议室一应具全，是举办国际会议的理想地点。

（5） "人与海的交流" 历来是豪斯登堡标榜的主题之一，乘坐运河游艇与海上帆船是两种不同情趣的游览，大村湾海上的"观光丸"是仿1885年荷兰国王赠给日本幕府的第一艘蒸汽帆船而建造的。除载游客航行外，船上的海员还表演爬桅杆、扬、收帆和打绳结等活动，属别处难以看到的。

3，细致周到的服务项目：

豪斯登堡设置了各种齐全的服务设施，各类设施的位置以"国际通

10.旧城区鸟瞰
11.荷兰渔村区鸟瞰
12.森林别墅鸟瞰
13.豪斯登堡宫殿

用符号"标明在导游图上。下列设施均不止一处。如：导游服务、咨询服务中心、电报、电话、银行、警察、消防、洗手间、救护室、婴儿车、轮椅的租借、巴士站、自动存物箱、宠物存养室、运河游艇站等。

4、既供观赏又便于使用的城内交通工具，如：运河游艇、古典巴士、古典计程车、双层游览巴士、自行车出租等。

5，富有艺术和文化色彩的园内表演活动：

豪斯登堡以街道为舞台，依季节不同，表演形式亦有变化，所组织的表演活动场面壮观，一般节目有："相逢之喜"；"梦幻夜空焰火明"；"音韵镭射声光秀"；"荷兰式拍卖屋"等活动。

四，结束语

通过对豪斯登堡情况的简要介绍。我们可以得到下面6点启示：

1、实施"可持续发展"战略，认真规划设计、精心建设和运营，经济发展与环境保护取得"双赢"完全是可能做到的，而且是建设生态城市最可行、最有效的途径。

2、"设计结合自然"仍然是由古及今有效的规划设计原则。豪斯登堡规划能利用原有荒滩的自然条件，因势利导，在"水"字上做文章，事半功倍地突出了特色，这是取得成功的关键。

3、"文化是城市的灵魂"，豪斯登堡的规划以荷兰14世纪的"水城"作为模仿对象，整体感很强，城市形象有艺术感染力、建筑具有浓郁的荷兰风格和历史、文化底蕴。大理论家孟福德说过："文化是城市的灵魂"。这一点可能正是豪斯登堡在艺术上胜过迪斯尼乐园的原因。

4、即使在市场经济的条件下，只要投资决策者和建筑师对艺术上的"多样统一"和空间上的"人性化"原则有一致的认识并加以坚决贯彻，城市建筑艺术风格上的统一和人性化是完全可以做到的。这种"整体性"的艺术表现对人的震撼与感染力超过单体建筑许多。已为豪斯登堡的实践所证明。

5、"以人为本"的思想具体到旅游服务上就是"以游客为本"，而非以管理方便为本。这正是我国与国际旅游业差距之所在。

6、"钟爱多样性"是人之天性，文中尽量把豪斯登堡游乐、餐饮及服务等多样设施与项目讲得尽可能具体些，目的是想让读者以此为例与国内情况作对比，面对国际竞争，我国旅游业在这方面的改进完全是个务实的科学问题。

参考文献

1、THINK日本设计（技术报） 93-04增刊

2、豪斯登堡观光指南

作者单位：清华大学建筑学院

■ 章俊华 供稿

水边的艺术之廊，日本

地点：广岛市
规模：用地8 000m²
设计："凤"环境设计研究所（佐佐木叶二、向井新二郎、柳泽克彦）
设计时间：1995年11月～1996年10月
施工时间：1996年3月～7月，1997年3月～1997年8月

本设计重新规划设计了广岛市中心的河滨绿地的艺术大道，艺术大道由"樱花路"和"水边木制游步道"两个区域构成。

沿河空间是展现城市风貌的场所，也可以说是从天空和水系的大尺度中看城市与自然的连接带。另外对于不拥有私宅庭园的都市居住者来说，这里既是公共的城市开放空间，同时又是作为个人户外活动场地的私密性空间。在樱花路区域，沿河岸两侧的樱花行道树处做成像船甲板式的木制地板，形成居民户外活动场所，这里可以充分体验河滨空间景象的氛围。"水边的游步道"区域，因为是围绕着住宅地，佐佐木先生的作品为住区中的孩子们提供了一处能见到水和感受到风的环境，同时这里也能让人们体验到地域文化，可以作为在盛夏举行各种民间传统活动的市民场所，而且它还能起到防灾作用。

广岛自第二次世界大战原子弹大爆炸至今的50年来的记忆留在几乎所有的场所。在这里，为了表现现在、过去和未来，利用雾化喷头做成"雾之门"。从大门往回看，有表现50年前原子弹大爆炸的纪念碑，而"雾之门"另一端又能看到未来儿童们游玩的情形。

"游玩"的诱发：

作为游具的景观小品运用"眺望、凝视、交谈、遐想、聆听、摇摆、滑动"7个词，按照艺术作品进行创作。

空中浮球的"交谈"造型中，2个人的谈话可以清楚地传给对方。"遐想的造型"通过做成天井的小洞形成宇宙的星空，"聆听的造型"通过埋在地下的水琴窟把美丽的水声传到坐在椅子上的人们。这些作品不仅大受孩子们的欢迎，成年人也可通过这些作品，用自己的五官去再认识大自然的美。"集散广场"具有防灾公园的功能，在侧面设置了厕所的"船型花架"，在发生意外的非常时期，架上防水布即可成为一处临时的物资保管库，构成十分美丽的光和影包围的户外临时空间。

佐佐木先生在本作品中采用了活泼、可参与性的设计手法。打破了狭长单调的长条形地段，把若干个感受空间巧妙地分布在游步道沿线。这种以利用空间为主的景观设计是十分有效果的。在1997、1998年先后获得3项设计大奖。并被日本造园学会收录到2000年度景观设计作品集中。

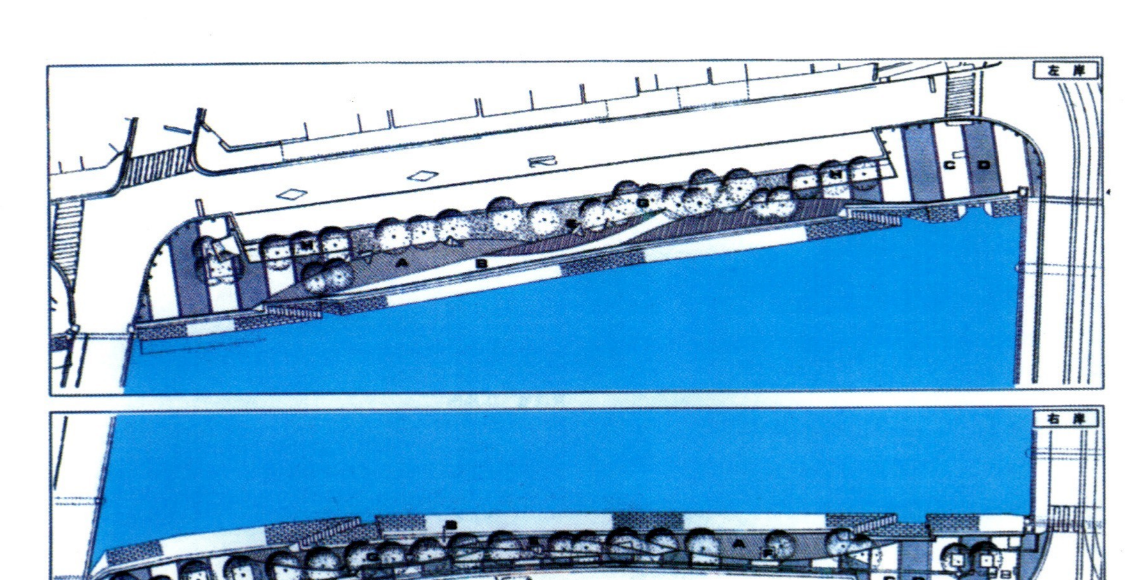

1

1.总平面图

2.采用船体构造形式做成的"船型廊架"，可做临时物资保管库

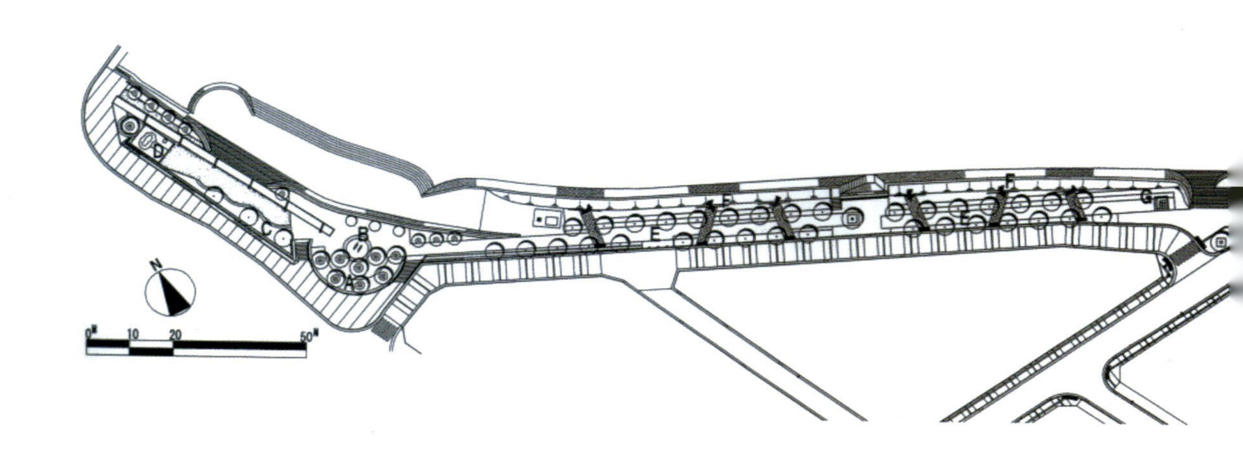

4

5

6

3 景观道平面图.
4. "起伏座椅"上的孩子们
5.有桌子功能的座椅
6.极具魅力的公园之光・影
7.盛夏之时，阳光下繁茂的枝叶树荫洒落在樱花路上
8.曲线的木制步道及异型设计的座椅（下部设置照明）
9.秋天的落叶撒落在木制步道表面

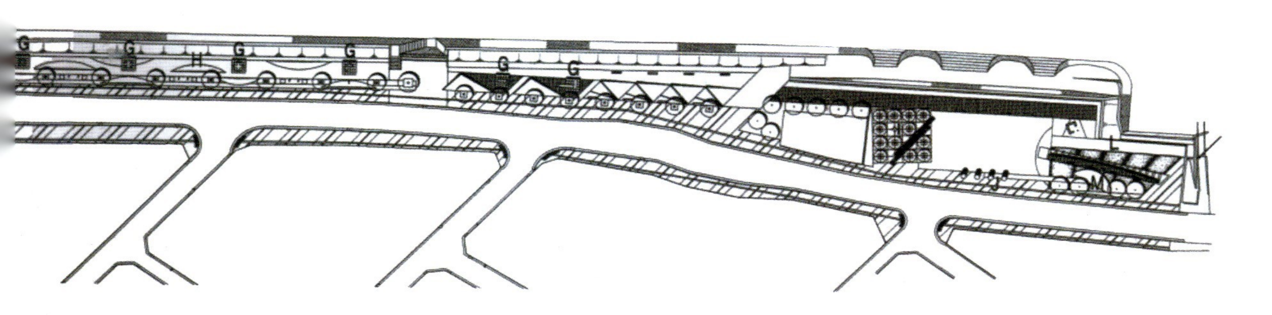

3

7

8

9

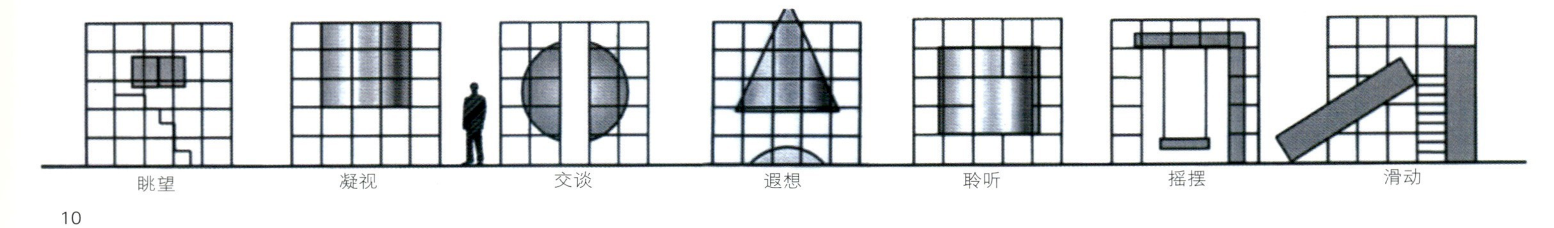

10

10.景观小品立面图
11."交谈" 造型，背对着坐在球中讲话，声音十分清晰
12."滑动" 造型的滑梯
13.向 "凝视" 造型攀登的孩子们
14."摇摆" 造型，设置了一处供一个人使用的秋千
15.向河川上游方向看 "艺术大道" "遐想" 造型。
16."聆听" 造型，可以听到从埋入地下的水琴窟发出的声音

14
15

16

■ 刘彤昊 供稿

滨河广场（River Place）共管公寓,新加坡

时间：2000年
设计单位： DP Architects

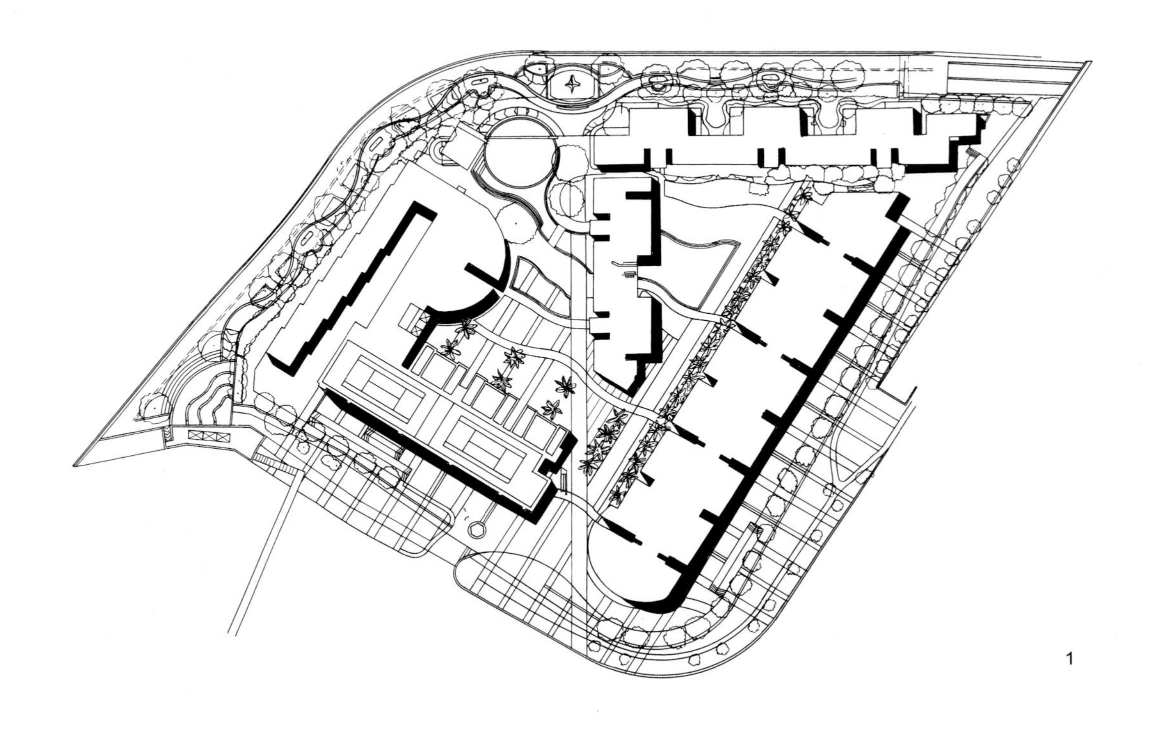

1

滨河广场（River place）位于新加坡中心区，面新加坡河而建，环境优美、宜人。隔河相望的是罗伯森（Robertson Walk）码头，该码头是新加坡商业和娱乐聚集地。沿新加坡河的建筑群经规划师和建筑师精心规划设计，既有缤纷活动的场地也有宁静氛围的空间。

滨河广场得天独厚的地理位置，再加上人性化的设计及高品质的建造，其房屋价格惊人，在预售时几乎创下新加坡共管公寓的天价，甚至比排屋乃至别墅都贵。面积最小的户型（69m²）也要卖94万新元（当时兑人民币约1：5.8），面积最大的户型（279m²）要卖到400万新元。

在滨河广场的设计中，建筑师首要关注的是地块的高效利用和环境的舒适度问题，采用围合式的总图布置。新加坡气候炎热，注重通风，而对朝向不太计较。

滨河广场空间群体组合高低错落，虚实对比，多样材质互映。为塑造良好河景，将围墙尽量做矮，形成住区内外的通道并以绿化掩饰，中心庭院的地坪／泳池平面仅比河岸高出数步台阶（有残疾人坡道可上），其间围栏几乎消失（矮金属栅栏）。

滨河广场的庭院空间可与外界充分交流共享，开放的庭院在节假日时有点小麻烦：沿河散步的人非常多，不禁向里张望，更有人不知不觉想进去看看，这时常需保安隐蔽地守候在入口旁边。开放的住区环境设计尽管增加了小区物业管理的难度，但对城市整体风貌贡献很大。这对中国的住区环境设计有一定的启示作用。

1. 总平面
2. 沿河的C栋中间的凹口，用茂盛的植物保护里面的私密性，低矮的金属栅栏几乎为花草所淹没。

3. 自中心庭院向外（北面）望去，可见河对岸的滨河景居
4. 次要庭院回望，AB 两栋住宅楼构成大门景框

5

6

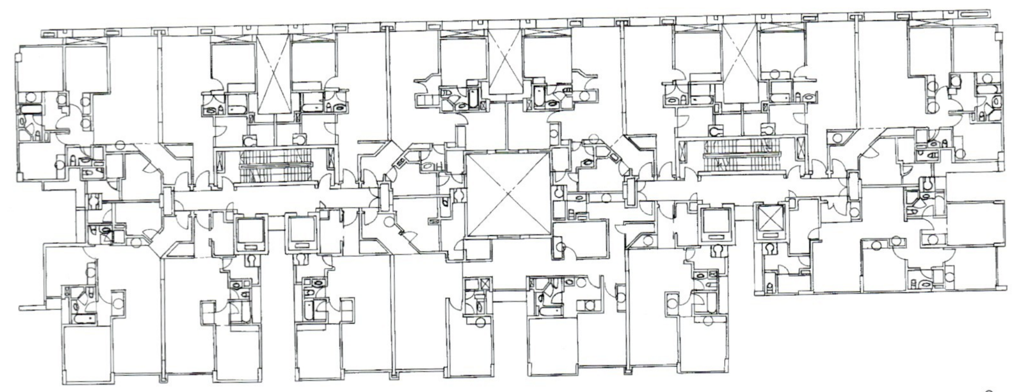

9

5. 从海伍罗克（Havelock）路上北望主入口
6. 中心庭院
7. 住区内的按摩池
8. 住区内的烧烤区
9. B 塔楼标准层平面
10. A 塔楼标准层平面

7

8

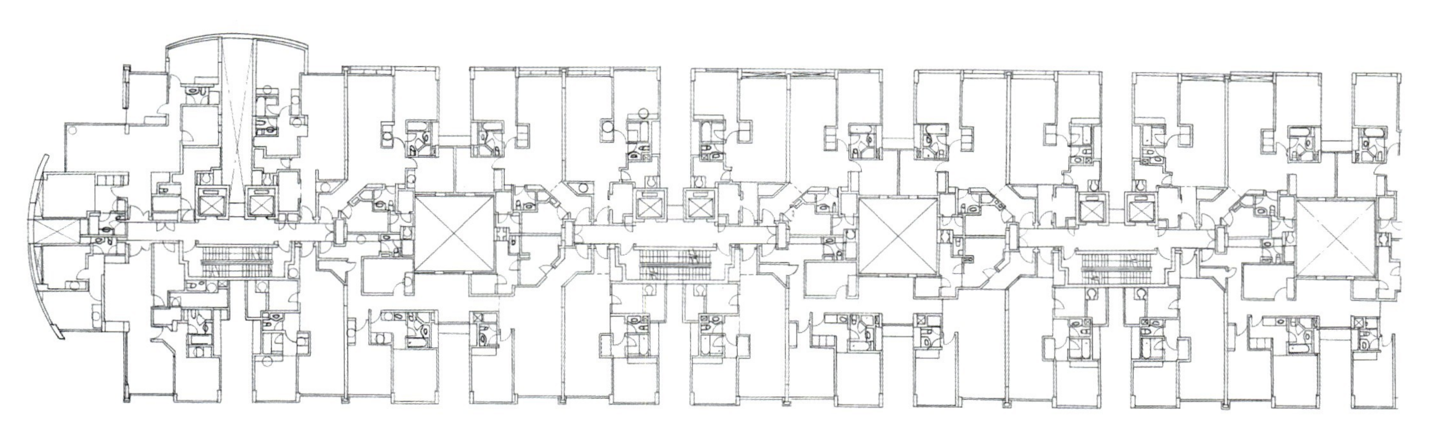
10

■ 许安之 By Xu anzhi

多样化的后小康住宅

改革开放至今，全国经济已从温饱型提高到小康水平，部分先进地区和城市正向后小康阶段发展，多样化的住宅是这些地区和城市的后小康住宅的重要特征和发展方向。20多年来，中国城市居民在"衣食行"方面发生了巨大的变化，商品和消费的多样化是其共同特征。

那么，住宅作为商品是否也达到了多样化呢？

应该说，与衣服、食品和汽车相比，住房多样化的程度还不够，但已经呈现了多样化的趋向，住宅多样化的时代正在到来。

本文所指的后小康住宅是指恩格尔系数低于40%的城市或地区所建造的有相应标准的住宅。据深圳市统计，2001年人均GDP已达5300美元，深圳居民的恩格尔系数已达到27%，远低于40%至50%的小康区间，在我国类似深圳这样的城市中，居民有较强的购房能力，对住房商品的要求也较高，生活的多样化和个性化及家庭人口构成的多样化较为明显，从而推动了住宅商品的供应也必须多样化才能适应需求。

下面介绍后小康阶段已经出现或即将会出现的一些住宅类型。它们现今的总量占现在正在设计、建设和销售总量的百分比不大，但随着经济发展和人民生活水平的继续提高，其所占的比例将会扩大。

一、老人住宅

社会经济越发展，生活越富裕，老人占总人口的比例也越高。据统计，上海老人已接近人口总数的20%，我国在住宅消费上如何为这个大群体提供合适住房的问题已越来越突出，许多开发商已注意到这方面的巨大需求因而推出了适合中国传统文化的"尊老型"住宅，如两代同住型，以不同标高划分空间（图1）。有的考虑分离型或邻居型。两代有独立空间又可相互照应（图2）。

国内有些城市已建有"老人院"，但总体来说，在设施、服务、医护等标准方面还不完善。目前，住在老人院的老人占社会老人总比例很小，随着经济水平提高，社会福利保险和医疗保险的水平提高和家庭承担能力的提高，单独为老人设计和建造的住宅会增加，老人住宅及相应需增加的服务和医护等就业岗位也是解决我国劳动力就业市场的一个好举措。对于我国多数老年人说，随着年龄的变化，生活自立能力的下降，原来的居所就难以满足基本需求。因此，在设计上有更多的细部和需求需要考虑。随着我国"老人社会"的特征越来越明显，后小康住宅中的老人住宅的比例也会相应增高，并且会牵动整个社会的关注。

除了老人住宅外，家中有生活不能自理的残疾人士的家庭，也是一种类型的住宅，它们与"尊老型"住宅有些相同之处，但具体设计有些特殊考虑，即使同是残疾人也有很大差别，其住宅设计也不同。由于我国城市居民中需要照顾和护理的老人和残疾人占人口总数一个不小比例，因此在地段合适的较大规模住区中，规划设计一些单元乃至一个组团作

1. 国信新城"尊老型"平面（深圳大学建筑设计院设计）
2. 深圳翠海花园两代人同套又可相对独立的住宅平面。（深大设计院设计）
3. 度假型住宅：广州从化逸泉山庄（深大设计院设计）

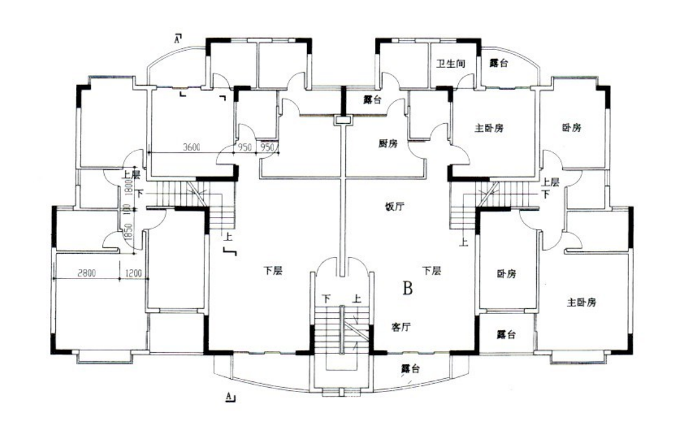

1

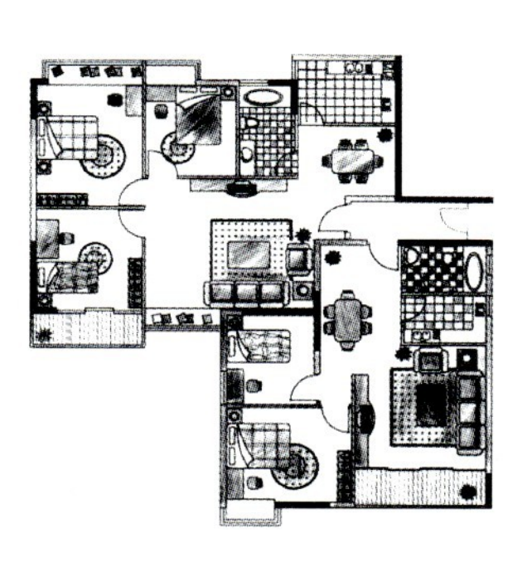
2

为老人住宅和残疾人（无障碍）住宅，提供相应的休闲、护理和医疗服务，并考虑使用者的经济承受能力。这类住区的建设对我国的住宅建设有重大的社会意义。

二、度假型住宅

由于城市中心区房价贵环境较差，公共绿地少，在我国每年有100多天的法定休息日的条件下，有一些在市区居住的家庭开始购置"第二居所"，"第二居所"往往在郊区交通方便，环境条件好的区域。如广州从化逸泉山庄（图3）。由于离市区较远，地价便宜，以每平方米市区住宅一半或三分之一的价格可以买到，中等收入的家庭可买得起town house甚至别墅。由于这类住宅是度假型为主，因此，要有良好的环境和风景，并有相应的体育休闲设施以及活动的场地。对一般上班职工来说，每星期周末可以在度假住宅度过2至3晚。随着交通的发达和经济水平的提高，度假型住宅不仅可以在本市的郊区，也可以是在另一个城市，比如广州到深圳的大梅沙海滨，甚至高收入的北京人在海南岛三亚或博鳌等。这些度假型住宅不住时还可以委托出租。

"第二套住宅"和"第二居所"都是后小康住宅的类型，不过前者包含范围更广，它还包括了专用于投资出租保值而主人并不准备居住的住宅，第二套住宅在类似深圳这样经济发达城市中已经是比较常见的现象。

三、滨水住宅

在温饱型时代，首要任务是填饱肚子，并不在乎住的质量。滨水住宅比其他住宅更有观赏性和可居性，后小康住宅中景观的作用有很大提升，住宅环境的好坏直接影响商品（住宅）的价格。如吃饭一样，过穷日子首先讲填饱肚子，"卡路里"是首要的，但吃饭问题解决后，就要讲究味道、营养及多样化。住宅首先要解决生活需要的基本面积和设备，达到这个目标后，环境和景观就成了重要需求因素了。香港岛半山的住宅朝北可以俯瞰维多利亚海港，房价是香港最贵的。上海的苏州河以前是臭水河，棚户区和工业区集中在这一带，现在随着苏州河的改造，如中远两湾城等住宅项目沿滨水而建，将住宅区等级提高了许多。杭州西湖边的住宅只要和湖景沾点边，房价就涨到令人吃惊的地步，也有些地块本来水景并不显著，为了增加环境效果，便挖土造景（图4）。小区内游泳池往往可以与水景合二为一，特别是池底装上灯光，在晚上无人游泳时也是一道宁静优雅的风景线。

许多住宅区与水相交处往往设一条机动车路，如果是城市道路必须的，建筑师在设计规划时也无力改变，但如果不是城市道路必须的，应尽量将住宅与水边地带设计成步行休闲景观区，让居民有更优美舒适的环境和生活质量。如果住宅区内"水边资源"比较充裕，还可以将水边绿地直接划给旁边住家作庭院，当然这是高等级的滨水住宅了。有些地段有洪水和潮汐，要巧妙处理防洪与"亲水"这一对矛盾，设计得好，可以兼顾，设计条件限制，则只能先确保"防洪"，景观和亲水就难以保证。

3

4. 宁波海光新都的住区水景与河网相通（深大设计院设计）
5. 深圳万科大梅沙住区规划设计方案，容积率0.8（深大设计院和英国Rod Hackney 合作设计）
6. 带小型高尔夫球场的广州星河湾花园（WT国际设计顾问有限公司设计）

四、山地住宅

我国除了重庆、香港外，这样典型的山城，大部分城市都不在山上建住宅，城市附近的山地常被定为住宅的"禁区"，造成这种情况有传统观念的原因，也有交通（包括垂直交通）现代化还不够的原因。

但情况正在发生变化，因为土地毕竟有限，耕地更有限，城市化使现有城市人口急增，土地不够就得上山下海，深圳万科大梅沙地段的大型度假和居住兼顾的住宅区规划设计方案就是一例（图5）。该项目建设用地高差约50m，由于深圳居民的私家车增速很快，近几年将会基本普及，有了车，对于离家和回家要爬50m高的山坡不成问题，此外还有区内的垂直机动交通作辅助（电梯和斜电梯），高差不是主要矛盾，但是如何保证每户有优质景观，特别是海景；如何保证每户有方便、优美、舒适的室外环境是规划设计中特别要关注的。与深圳市内的住宅相比，该项目突出了较低容积率（0.8）和优质的自然和室外环境以及较完善的体育休闲配套设施。

可以预见，随着家庭汽车的普及，居民对环境和景观要求越来越高，垂直交通成本所占比例越来越低，越来越方便。山地住宅在我国大有发展前景。

五、带体育休闲等设施的"共管型"住宅

随着对住宅的要求的提高，住宅不只是家庭过日子的空间或养儿育女的场所，住宅满足人们体育、休闲等多种爱好的需求，许多大规模的住区专门针对这些类型的业主进行开发，如广州2001年推出的带小型高尔夫练习场的广州星河湾（图6）以及提出"运动就在家门口"的广州南国奥林匹克居住区，无论从设计策划和设计推广都比较典型的反映了这类住宅的特点。"共管型"住宅（condominium）在美国等许多国家很普遍，取名为"共管"是有意义的，它说明了业主不仅拥有自己的住宅，而且和其他业主分享并拥有这个住宅区项目的各种设施，当然也分担这些设施维持的成本，"共管"说明业主是这片物业的主人，法律概念很明确，"共管"到哪些面积，有什么权利和义务都应作出规定。

六、多种文化品味的住宅

现代社会人们的审美趣味趋于多样化和个性化，后小康住宅的风格也必然会多样化。住户将会更多地与住宅设计，参与设计的形式可以是菜单式的，还可以是量体裁衣的，更多地参与会使住宅多样化。

曾经有一段时间，所谓的"欧陆式"到处都是，现在已有所减少，但"跟风"现象还是明显。在开发商掌握生杀大权的大潮中，建筑师个性的表现尚需鼓励。美国著名建筑师盖里用最普通的廉价材料盖的住宅（图7），也可成为"名作"，说明了现代建筑美学观念对传统建筑美学观念的突破，所谓的"酷"是一种既不"俗"又不能算"雅"的美，贝聿铭的精致优雅的建筑是一种美，盖里信手拈来的材料建成的粗旷风格的住宅也是一种美，有人欣赏前一种美，有人欣赏后一种美。所以设计住宅在风格上不应设框框，应给建筑师更多一点的创作自由，包括总体、平面、立面、材料、色彩和细部处理上。上世纪初西班牙建筑师高迪设计的米拉公寓已被银行收购作为文物保护起来，成为巴塞罗那一景，说明如果没有社会的宽容和鼓励，就不可能使巴塞罗那有那份光彩。"怪"不一定美，但特别的美是与众不同的。

对于大型居住区来说，风格的多样是一件好事，万科四季花城中有多种的建筑形态、风格和色彩，组合在一起，住宅区显得有生气，是多样化的一个例子。就像家庭客厅的家具和摆设，多种风格放置在一起，有冲突，有谐调，取得"对比中的谐调"，至于是否一定会有好效果，要看建筑师的功底了。

目前住宅风格的多样化主要表现为西方古典或是现代，也有一些南加州（橘郡）风格和地中海风格等，很少项目在探索有中国特色和地方风格，中国各地区各民族的住宅本来是很多样化的，但在计划经济时代越来越趋向千篇一律，随着商品经济发展和文化水平的提高，将会有一批有志之士探索中国地方特色的现代住区和住宅，在这点上，中国建筑师和开发商一起还有很长一段路要走。

七、超高层住宅和 Town House

由于经济技术和交通能力的提高，超高层住宅已经出现，郊区的Town House也很受欢迎。由于国情是人口多土地少，因此，沿海城市很难建造相当比例的Town House。常见的六层或加一层的住宅虽然还在建造，但可能即将或已不再占绝对主导地位了，如果建造这类六层和六加一的住宅应当予留可加电梯的位置才能适应长远的需要；小高层在深圳特区内几乎取代了六层住宅，说明了土地资源紧缺和人们对电梯"消费"承受力的提高。带各种各样车位的住宅正在推出和探讨，停车成了住宅区规划设计的大学问，已建多层停车场在住宅区常常不受欢迎是因为并不便捷，但如果与超高层住宅的电梯厅在各层水平直接相通，多层车库也许会受欢迎。

八、旧建筑改造成"新"住宅

这里所说的旧建筑包括温饱阶段甚至小康阶段建造的明显不适合目前需要的住宅，这些住宅有不少位于市中心附近土地价值很高的位置，如广州市区就有不少高达八层的无电梯住宅。只要这些住宅结构良好，大可不必拆了重盖，而可以进行改造、翻新，改变一些平面及加装电梯使其更适应当代需要。如果住宅区过密，可以对小区进行整体规划，扩大公共绿地面积。经过改造可以将这些住区焕然一新，为城市和居民创造全新的甚至让人惊讶的新住区环境，旧建筑改造可以包括市区外迁工业区留下的多层厂房（如深圳），经过建筑师和开发商的"魔棒"，甚至可以改造成"豪宅"。总之，现代化的住宅可以全新，也可以将旧房子改新。上海新天地改造的成功分分说明了这一点，虽然新天地没有改为现代住宅，但原理是一样的。所以在旧城改建中应当反对一味地大拆大建所谓的"大手笔"、"树政绩"，改建住宅很有可能更受老百姓的欢迎。

除了上述类别的住宅外，还有其他理念型和新技术型的试验性住宅，如绿色住宅，智能化住宅，节能型住宅以及运用新材料、新结构（如钢结构等）各种住宅，这些住宅的试验与推广，将使我国住宅更加多样化。由于这些住宅的概念在刊物上已介绍很多，所以本文不再介绍。

另外，有些类型的住宅也会显现或增多，如"爱幼型"住宅，特别强调儿童的地位和需求及交往。又如单身住宅及Studio（不是一室户，图8）、学生住宅、艺术家住宅、境外人士（港、澳、台及国外）住宅（图9）等等，这些住宅也都有特点和特色需求。由于篇幅所限，不再介绍。

生活是丰富多样的，人们的经济水平、生活水平、生活习惯、文化背景、兴趣爱好、家庭结构和自立程度也是多种多样的，各个城市的自然地理、人文资源、城市交通和地段环境也是多种多样的，现代社会的经济能力和科学技术使商品住房的多样化不仅有了可能也非常必要，多样化的后小康优质住区不仅为人们提供了丰富多彩的舒适的居住环境，也会刺激住宅消费，促使我国经济持续快速地发展，就像"汽车和花园住宅"所构成的"美国梦"在20世纪促进了美国经济发展一样。

作者单位：深圳大学建筑系

7．盖里设计的住宅（引自《Frank Gery》）

8．成都万科城市花园 Studio，推出后一天售罄（中深设计有限公司设计）

9．深圳皇岗口岸轨道站附近主要为香港人设计的住宅（深大设计院设计）

7

8

9

▒ 陈燕萍、卜　蓉、孙　莹、何　浩 By Chen yanping Bu rong Sun ying He hao

居住区道路系统规划的若干问题研究

一、影响居住区道路面积指标的因素

1、汽车拥有率与道路的面积系数

随着城市化的发展和居民生活水平的提高，我国城市居民的小汽车拥有率不断提高，自20世纪80年代初至90年代中期，建成居住区的道路面积系数也在不断增加。从表1中可以看出，现阶段许多居住区（小区）的道路用地比例已超出现有7～15%的规范值。

2、停车方式、容积率与道路的面积系数

我国居住区目前采用的停车方式主要有地面停车、住宅底层停车、地下停车和独立停车库。不同的停车方式对居住区道路面积基本需求不同（表2）。相比较而言，路面停车所需面积率随小汽车拥有率的增加而增加，可达全部道路用地的30～50%。而采用住宅底层和地下停车则可以大大节省道路占地面积，道路设计只要满足区内的消防道路和交通要求即可，因而道路面积率可以很小。如深圳万科四季花城的小汽车设计拥有率达每户0.5辆，而道路面积只有11.6%。停车库具有同样的优点，如广州中山翠横滨浪小区主要采用多层停车库停车，小汽车拥有率达每户0.75，而道路用地比率仅为12.96%。

建筑容积率直接影响地面交通强度，容积率高的居住区，道路面积系数也响应提高。如以高层住宅为主的大连锦绣小区，道路面积系数高达37.4%。但当高层住宅区采用地下或多层车库，汽车出入口位于居住区入口处时，区内道路只要满足消防需求，道路面积系数自然大幅度下降。可见居住区道路面积系数的内涵已经多样化。

二、停车方式的选择

1、路面停车

根据我国目前实施的“居住区规划与设计规范”中的用地标准和相应的道路用地率（7～15%）推算，多层居住区人均道路用地约为1～3m²；多、高层混合居住区约为0.75～2m²。根据对多种形式路旁停车的调查结果统计，路旁停车的车位平均用地为16m²；全部采用路旁停车的居住区，停车面积在道路总面积中所占比例一般不超过40%。受道路用地指标限制，多层住宅区以及多、高层混合住宅区

居住区道路用地在总用地中所占比例的变化　　表1

名　称	面积（Ha）	人均住宅区用地（m²）	道路用地比(%)	资料来源（建筑学报）
北京黄村富强西里	12.11	15.54	4.3	1985/05
1985年以前的实例		15.54	4.3	
上海嘉兴桃园新村	10.14	19.90	11.55	1986/03
大连石道街西小区	20.60	19.90	17.54	1989/11
无锡沁园新村	11.40	15.50	9.10	1990/05
济南燕子山小区	17.30	14.25	9.19	1990/05
天津山衬新村	12.83	15.28	9.49	1990/05
合肥西园新村	23.25	17.58	9.10	1990/11
1986～1990年的实例平均		17.07	11.0	
唐山丰润新区11号小区	13.30	18.30	8.33	1991/04
上海真西新村（南片）	43.25	13.22	12.10	1991/04
天津联盟小区	24.79	15.74	12.96	1994/11
青岛四方小区	17.39	19.42	9.88	1994/11
常州红梅小区	14.86	18.57	10.77	1994/11
广州红花岭小区	13.40	22.83	31.4	1995/11
昆明春苑	14.53	14.15	17.9	1996/07
郑州绿云小区	7.93	16.75	16.48	1996/07
1991年以后的实例平均		17.42	14.97	
现有的规范值			7～15	

1.深圳市某居住区一周（6～23 时）
日间停车分布情况（调查时间：1955 年）

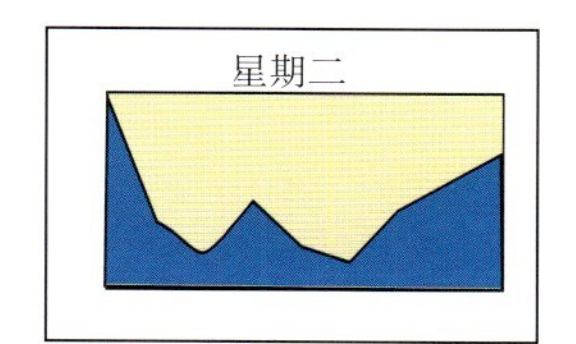

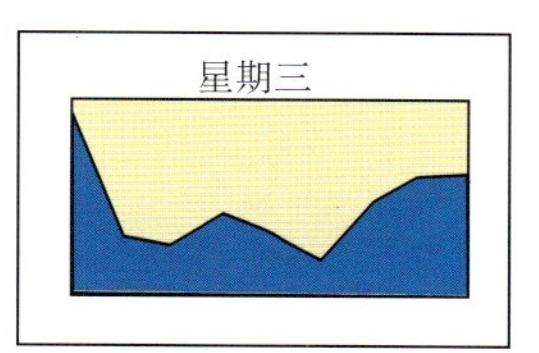

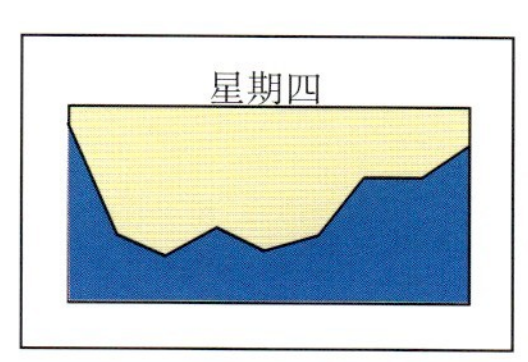

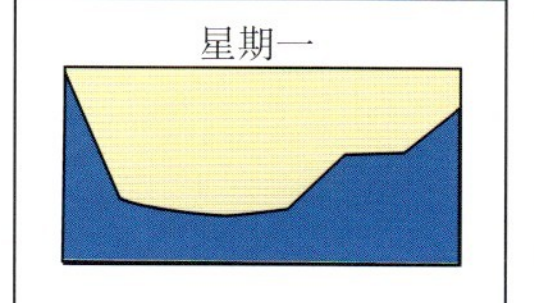

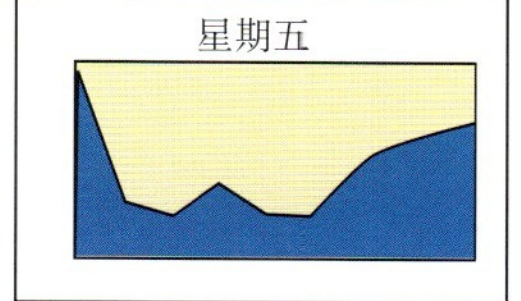

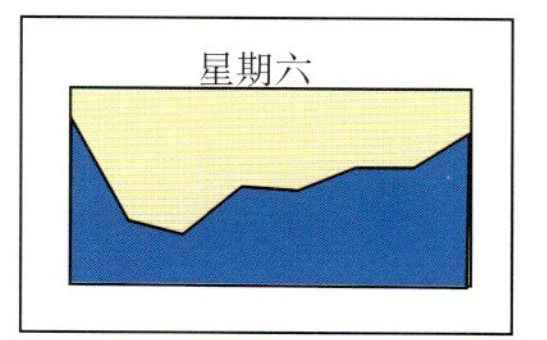

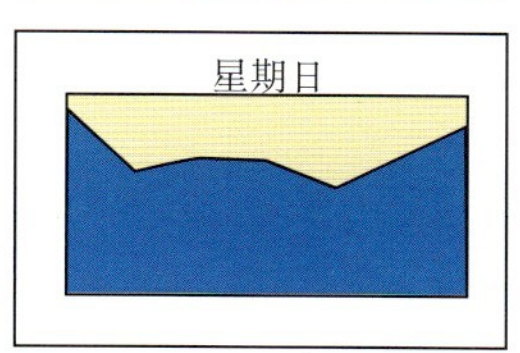

1

不同停车方式的居住小区道路面积比率

表 2

居住区名称	占地面积	户数	平均层数	住宅形式	人均用地面积	停车位	户车比％	停车方式	道路面积率％
无锡太湖花园小区	15.25	2287	5.98	多	21.00	215	9	地面 215	8.46
天津居华里	13.12	2073	5.60	多	20.30	200–220	10	主要为地面	10.60
淄博金茵住宅小区	17.15	1590	5.20	多	31.00	522	30	路面集中 418 地下 104	11.70
梧州绿园住宅小区	22.10	1743	5.18	多	36.20	约 1000	57.3	地面集中、局部地下	22.35
万县百安花园小区	10.65	1122	6.00	多	27.10	360	30	住宅底层	16.90
深圳万科四季花城	37.40	5000	6.00	多		2500	50	住宅底层停车和局部地下	11.60
上海三林苑	11.92	2092	7.00	多	17.80	500	25	住宅底层 300 地下 200	9.00
株洲市家园小区	10.58	1294	6.10	多	23.40	468	36	住宅底层半地下、一层架空	13.89
南京南苑二村	12.16	1737	8.60	高多低	20.00	80´	46	架空车库 681 地在 120	14.10
成都锦城苑	11.00	1068	4.95	多	30.00	555	50	组团半地下和地面 100	18.91
重庆龙湖花园	12.70	1272	6.44	高多	28.50	605（公建 44）	47.5	高层地下、多层半地下和地面	16.26
长沙望江花园小区	10.56	1119	5.92	多低	27.00	420	40	主要为地下少量地面	14.20
厦门瑞景新村	13.86	1726	7.31	多	23.00	43´	25	地下和地面	10.30
柳州河东居住小区	18.96	2864	9.56	多低高	18.91	869	30	底层、地下、地面 200	21.99
大连锦绣小区	16.91	4549	12～28	高	11.60	1359(公建 270)	30	主要地下地面为 190	37.40
沈阳龙盛小区	9.60	1706	10.00	高多	16.00	约 500	35	地下车库为主	9.60
广东中山翠横滨浪小区	17.13	1930	5.70	多	25.35	1100(公建 350)	57	停车库和地面集中	12.96

可供路旁停车的最大面积分别约为 1.2m² 和 0.8m²。当全部采用集中停车场时，最大停车面积可达道路总面积的50%，即多层居住区人均最大停车面积 1.5m²；多、高层混合居住区人均 1.0m²。但集中停车场的车位占地面积高于路旁停车，平均为 20m²／车位。

根据上述条件计算，采用路面混合停车（包括路旁和集中停车场），停车面积约为18m²／车位，一旦多层居住区汽车拥有率超过每户0.3辆、高层混合居住区居民汽车拥有率超过平均每户0.2辆，如果全部停在路面，将使道路面积在居住区用地中的比例超过现行规范数值。此时即使不考虑安全和环境因素，也不宜采用单一的路面停车的方式。

居住区停车的时间分布直接关系到道路空间使用的兼容性。一般工作日，白天在居住区内进行户外活动的居民多数是退休老人和学龄前儿童，活动时间集中在清晨以及上午和下午的中段。从对居住区内日间停车分布的情况（图 1）来看，除清晨外，工作日内白天的大部分时间路面停车与居住区的其他活动冲突不大。住宅附近用于停车的路面成为儿童骑车和相互追逐的场所。但是在晚间和休息日，停车则与居民的各种户外活动时间发生冲突。由于停车对各种可以用于停车的场地享有绝对优先权，需要进行户外活动的居民只得远赴居住区的中心绿地，或者干脆放弃活动。

随着经济水准的提高和居住条件的改善，居民环境意识增强，路面停车特别是路旁停车逐渐受到普遍反对。在本文问卷调查中，无车户100%不赞成路旁停车；有车户中赞成路旁停车者也不足 10%。在全部被调查对象中，赞成路面停车（包括路旁集车和停车场）的比例仅略高于 20%，这一数据与两年前对同一组居住区的调查结果相比明显下降（表 3）。

2、停车库

采用停车库停车能极大改善居住区的环境质量，但在经济上需付出较地面停车和住宅底层停车更大的代价。对深圳市 8 个居住区停车库（2～3 层）的规模－造价调查结果显示，独立车库规模在 200 车位以下时，平均车位造价随着车库规模增加明显降低。大车库的平均管理费用也比小车库便宜（图 2）。然而在居住区内布置车库并非越大越好。如果车库规模与“小汽车密度”不配套，会导致车库服务半径过大，由车库至住宅的步行距离过远，使汽车驾驶人对使用车库产生抵制情绪。实际调查发现，在不进行强制性管理的前提下，一些大型的居住区车库即使与路面停车收费标准相同，也难以吸引服务半径范围内的大部分汽车入库停车。

一项对深圳市居民的三百份随机抽样问卷调查结果显示，几乎所有拥有驾驶执照的人都希望将汽车停在靠近住宅入口处。即使停车费用不变，也有超过 80% 的人不愿意到与住宅水平距离 100m 以外的停车库

两次居民停车意愿抽样调查的部分数据比较　表3

调查时间	调查样本数（个）	有车居民户中选择路旁停车的比例（%）	全体居民户中选择路面停车（路旁＋集中停车场）的比例（%）
1995.5	200	19.3	33.3
1997.8	300	7.30	20.2

考虑"小汽车密度"和服务半径的车库规模推荐值　表4

小汽车密度（区内小汽车拥有率×区内住宅平均层数）	建议车库规模（服务半径为100m）	
	车库位于服务区中央（车位）	车库位于服务区一侧（车位）
1.2	90～100	——
1.8	130～140	70～80
2.4	170～180	90～100
3.0	210～220	110～120

部分西方国家和地区推荐或规定的单栋住宅组成的居住区街道交通量上限数值　表5

规范或导则	英国设计规范32	每条支路服务300户独立住宅	DoE(1977)
	英国Cheshire	每条支路服务200户独立住宅	ChesshireCC(1976)
	澳洲新南威尔士	日最大交通量2500～3000车次	Stapleton(1984)
	澳洲昆士兰	日最大交通量3000车次	Queensland Streets(1993)
	加利福尼亚橙县	日最大交通量1200车次	Spitz(1982)
	加拿大多伦多	日最大交通量3000车次	Bolger et al(1985)
研究与建议	美国的有关研究	日最大交通量2000车次	Appleyard(1981)
	Australian Review	每条支路服务300户独立住宅	Comford(1986)
	Traffic in Towns	日最大交通量2～3000车次	Buchanan(1963)
	荷兰的有关研究	小时最大交通量200车次	IanColquhoun,Fauset(1991)

特定条件下汽车拥有率与交通封闭管理地块面积上限的关系　表6

户均汽车拥有率（辆／户）	0.1	0.2	0.3	0.4	0.5
地块面积（ha）	37.33	18.67	12.44	9.33	7.47

（场）停车。对深圳市两个大型居住区益田村与松坪村的实地调查印证了上述结论。前者车库按组团级配置，车库服务半径150m，80%的使用者感到"距离适当"，停车入库率近100%。后者车库按居住区级配置（辅以局部路面停车场），服务半径超过300m，半数以上的使用者觉得"不方便"，服务范围内的小汽车主动停车入库率不足1/3。可以认为，服务半径是决定车库利用率的重要指标。

车库的服务半径与车库规模成正比；与居住区内的小汽车密度成反比。当车库服务范围内的小汽车密度一定时，车库的规模越大，其服务半径也越大；若车库规模不变，它服务范围内的小汽车密度越高，相应的服务半径越短。如果以100m作为停车库的服务半径，车库规模与小汽车密度的估算关系值如表4所示。可见当小汽车密度较低时车库规模不宜太大，大型车库不宜布置在其服务区域的一侧。

除了使车库的服务半径与"小汽车密度"配套之外，居民的消费意愿是规划设计时应当考虑的另一项因素。随着收入的增加，居民对居住生活的舒适性提出更高要求；住宅分配制度的改革又使对居住区设施的各项投资可以通过出售或有偿使用物业来回收。居民可以选择多出钱以换取较好的服务。因此在布置居住区车库时，不仅要注意规模的经济性，也应充分考虑车库建成后的服务情况，使之尽量接近居民的"价格－服务水平"期望。

此外，单用步行距离一项指标来评价，到独立式车库停车的方便程度无论如何比不上路面停车。当居住区内的小汽车分布密度较低时，应慎重选择停车方式。而一旦选择使用独立式车库，适当的管理手段必不可少。有关研究认为，停车处距离家门100～120m，让人们在步行回家途中参与社区交往，有利于提高社区活力。布置距离稍远的车库并非全是坏处。有一条经过精心设计的、舒适的步行道通车库，当能有效地补偿由距离带来的不便。

在居民小汽车拥有率较高的小高层或高层住宅区，采用住宅底层（包括地面、地下和半地下）成片车库停车具有独特优点。住宅电梯直接深入车库，可以有效缩短住宅与车库之间的步行距离，并完全避免不良气候干扰，最大限度地体现汽车门到门联系的优越性。这类车库顶部可以用做住宅组团的游憩场地，同时也是联系住宅组团内外乃至整个居住区的全步行空间。相对较高的车库建设和使用费用由拥有汽车的家庭承担，车库服务条件和居住环境居住地块内，若要保证路段交通量不超过某一上限，地块的面积必须随着汽车拥有率的提高而缩小。

汽车的家庭承担，车库服务条件和居住环境质量均得到提

2.独立式车库规模与平均造价的关系
3.日本学者对居住区道路交通量与居民安全感关系研究
4.分时期居住区路网形态构成比例

高。

高层高密度住宅、车库立体布置的形式，是解决居住区人车混杂问题的一条行之有效的途径。这种形式在香港和新加坡均被广泛采用。不同的是，香港由于土地奇缺，不得不把居住区内行人活动几乎完全限制在精雕细琢的屋顶花园之上，与我国城市用地条件相近的新加坡是在居住区规划中有意识地将住宅布置相对集中（层数较高的住宅使用电梯也较为经济），把汽车交通限制在较小范围，实行人车相对分流。同时留出大片居住区公园和公共绿地，供所有居民共享。

三、最大交通量限制对道路形态的影响

1、制定交通量上限标准的重要性

从国内外历来的研究可以看出，交通量直接关系到居住区环境质量的好坏。因此，合理确定交通量上限至关重要，因为：

（1）事故数量通常与交通量成正比；

（2）交通量的增大会增加交通噪声和交通尾气；

（3）交通量的增大会增加行人穿越街道的困难，同时减少汽车并入主线的机会；

（4）大量、高速的汽车交通直接破坏居住区的视觉景观环境。

许多西方国家对此都有明确规定（表5）。日本学者更提出以居民的主观评价为标准，确定合理的交通量上限（图3）。从图中可以看出，当日交通量在200辆／日时，大部分行人对街道交通安全表示满意，而日交通量上升到400～800辆／日时，居民普遍感到不安全。由于儿童的安全意识比较差，日交通量小于100辆／日时，也只有50%的儿童感到安全。

2. 最大交通量限制对路网形态的影响

（1）交通量分布与道路网的形态

依照交通量的分布特征可将近30年来我国居住区采用的主要路网形式分为：交叉路网、线形路网、C形路网、内环路网、外环路网。

最初由于机动车交通不发达，居住区内的人车矛盾并不突出，居住区道路网大多采用的是网格路网，出入口较多，内部也四通八达，过境交通可以任意穿行。

七八十年代初，机动车交通有了一定的发展，小汽车对居民的影响日益突现，居住区道路网规划采用了类似"邻里单元"的思想，限制外部交通穿越，内部强调通而不畅，将城市交通从居住区交通中分离出去，减少居住区内部的交通量。这个时期主要以十字型或丁字形交叉形路网应用较多。

从建设部三代试点小区、小康示范工程直至现今，随着居住区汽车拥有量的增长，机动车交通所带来的问题日趋严重，道路网的规划越来越重视分散汽车交通量，这个时期较多采用线形路网、C形路网、内环路网和外环路网（图4）。

（2）不同区域的交通量限制

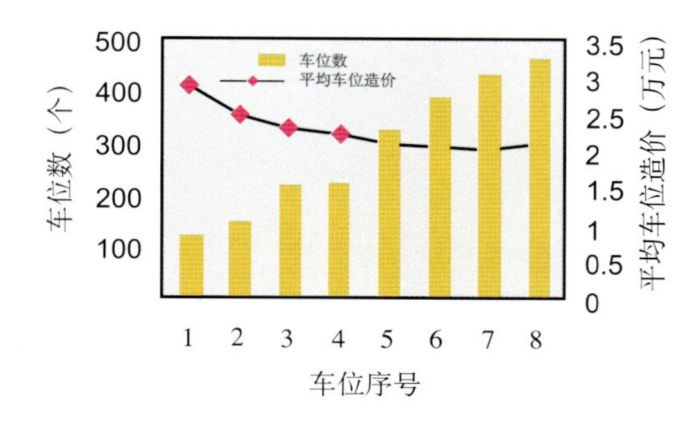

2

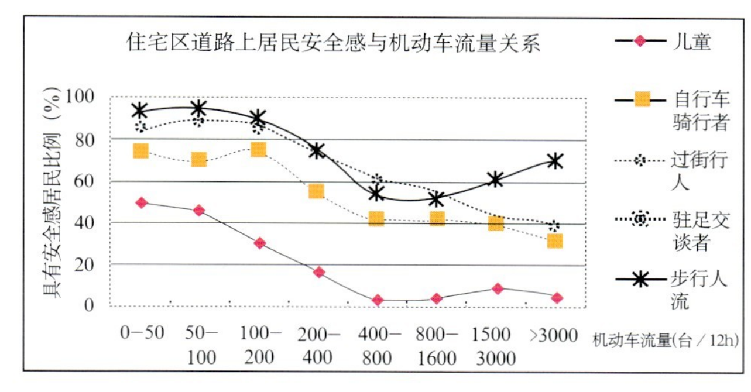

3

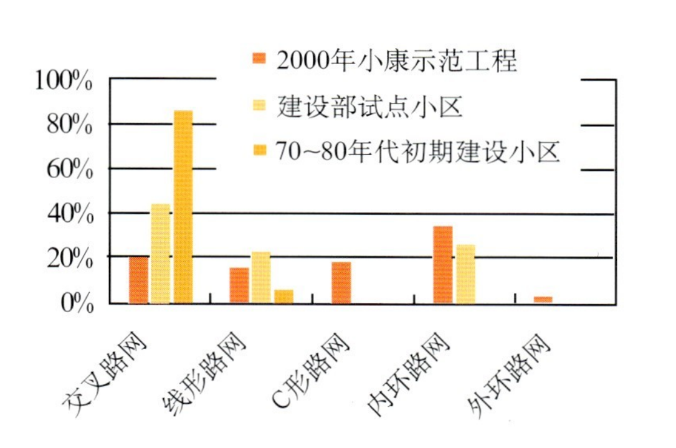

4

注：小康示范工程样本数量48个，试点小区样本数量29个，70～80年代初期建设小区样本15个。

6.我国居住区道路模式演变示意图
7.不同模式在特定条件下的道路面积率比较

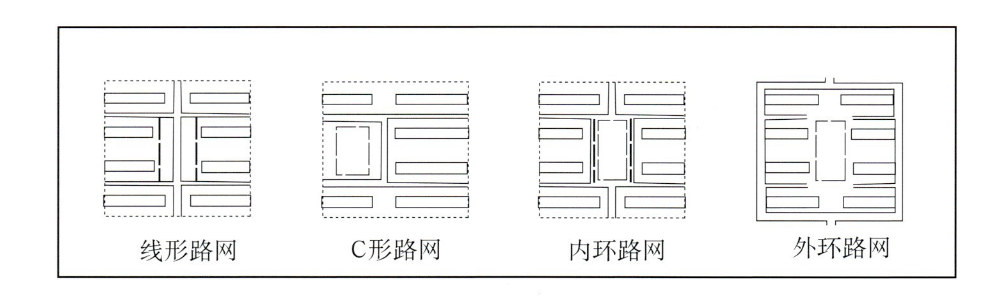

5

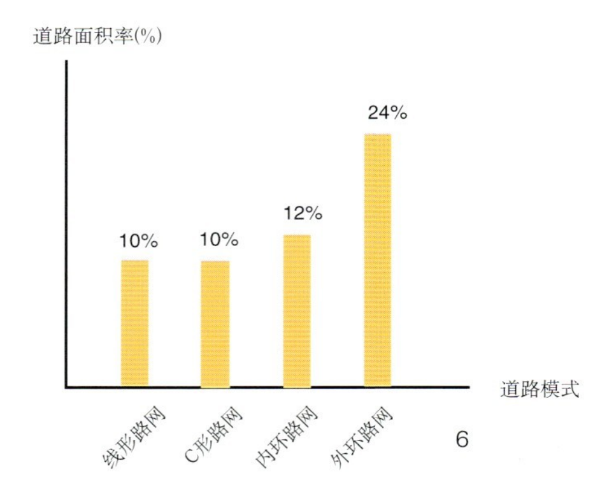

6

根据现存资料分析，居住区内严重交通事故的发生地有以下几类：居住区主要道路通过宅前处；居住区主要道路通过公共设施（例如游泳池）出入口处；居住区主要道路通过中心活动场地周边处。受害者几乎都是儿童和老人。

调查表明，居民对居住区内不同位置需要交通安全保障的期望由高至低依次为：宅前、小学托幼及游泳池等儿童活动集中场所的出入口、居住区内主要商业服务设施出入口、居民休闲锻炼活动场所、居住区内部日常活动通道、出入居住区的交通要道。

从各类活动的时间分布来看，居住区的汽车交通高峰一般发生在上下班时间。而下班高峰最可能与儿童教学，幼儿的宅前活动以及居民的区内购物活动重叠。

通过综合以上因素我们对居住区内不同类型空间范围的交通安全需求作如下分级：

一级：宅前、儿童较为集中的公共设施（如学校、游泳池等）的入口处。上述位置应保证人的活动优先，为行人绝对优先区域。

二级：其他公共设施的入口处、开放空间及其他的居民休闲场所的集散口。上述位置应保证人的活动安全，为严格限制汽车交通流量和速度的区域；

三级：区内行人活动的主要通道。与汽车道路交叉时应保证人的活动安全，与之相交的汽车交通路段须限制汽车和速度。以内环路网为例：如环街道路设两处入口时，环路段交通量通常大于入口路段；如设四处入口，则环路段交通量通常小于入口路段。由于汽车出入的高峰为上下班时间，此时居住区出入口处活动的人群以成人为主。只要邻接出入口的道路不穿越宅前、公共设施前等敏感地带，发生交通事故可能性就相对较小。而包围商业设施或公共空间的环路段，居民日常活动频繁，因此实行最大交通量限制的路段应为"居民前往公共中心时必须跨越的路段"。

以上各级区域对交通量和交通速度的限制要求依次降低。

3．最大封闭管理地块

由于路网形式与交通量分布关系密切，因此最大交通量限制是影响路网形态选择的重要因素之一。一般情况下，有：

最大交通产生量＝汽车拥有量×汽车出行率

其中"汽车出行率"是指到达或离开居住区的汽车数量与居住区内夜间汽车停放总量的比率。根据观测，高峰小时到达或离开居住区的汽车最高可达区内夜间汽车停放量的60%。如果一居住地块设两个出入口，交通不均匀系数为1.2，假如要满足"居民前往区内公共中心时所跨越道路的交通量小于250辆／小时"这一限制条件，采用直线型道路和C型道路模式时该区内的最大汽车拥有量不能超过250／（1.2×0.6）=350辆；采用内环路时则最大汽车拥有量为250／（1.2×0.6）×2=700辆。由于：

最大汽车拥有量＝总户数×汽车拥有率

＝户密度×用地规模×汽车拥有率

可见路段交通量随着地块的规模和汽车拥有率增长而增加，在一个居住地块内，若要保证路段交通量不超过某一上限，地块的面积必须随着汽车拥有率的提高而缩小。

例如：假设一个居住地块的容积率为1.5，平均每套住宅面积为80m^2，采用内环路模式，满足"居民前往公共中心跨越道路的小时交通量小于250辆"这一条件时，采用上述公式计算，不同的"汽车拥有率"对应的地块面积上限见表6。

这就是说，当汽车拥有量为0.5时，若采用内环路模式规划，要保证居民前往小区中心必经路段的交通量不超过250辆／小时，则地块的最大规模不能超过7.47ha。因此一个在积为15hm^{2}的用地，就必须划分为两个（汽车交通）相对独立的地块进行规划才合理。

我们将上述独立地块称为"汽车交通封闭管理单元"。这里所说的封闭单元并不等同于居住小区或组团用地，而是在特定条件下（如一定的户密度、汽车拥有率及路网形态），根据交通量上限标准所划分的相对独立的街道系统。由于封闭单元的划分与组合与交通量关系密切，因此可以用作为居住区交通规划的控制性标准。

4、影响道路网形态选择的其他因素

虽然利用分散交通和人车分流的路网能够减少人车冲突，提高交通安全水平和舒适程度，但它也使居住区道路面积率明显增加。

以图5列举的道路模式为例，用地为a × a的方形地块，设主要道路宽度为b，宅前道路宽度有b_1，则有①线形路网的道路面积为$ab+2ab_1$，道路面积率为$(ab+2ab_1)/a^2=(b+2b_1)/a$；②c形路网的道路面积为$1.5ab+ab_1$，道路面积率为$(1.5b+b_1)/a$；③内环路网的道路面积为$4ab+3ab_1$，道路面积率为$ab+3ab_1/a^2=(b+3b_1)/a$；④外环路网的道路面积为$4ab+2ab_1$，道路面积率为$(4ab+2ab_1)/a^2=(4ab+2ab_1)/a$。假设a=120m，b=6m,$b_1$=3m时，上述各种模式道路面积率如图6所示。

上述简化模式为纯住宅用地，平均建筑容积率较高。如将上述模式推广到整个居住区，则计算道路面积率将由于建筑覆盖率降低而降低，但这一数值随着道路系统人车分流程度提高而提高的趋势却不会改变。

对于建筑密度较高的我国居住区而言，这不仅意味着增加道路建设投资，更意味着本来就紧张的居住区活动用地受到进一步的挤压。因此并非任何情况下采用越利于分散交通或人车分流的路网就越合理。因此对道路网的选择一定程度上是在交通安全与土地利用的合理性之间寻找平衡点。而道路网的规划选择是否存在某些依据，我们将进行进一步讨论。

主要参考文献

1 Lan, colquhoun and Peter G. Fauset. Housing Design in Practice. Longman Scietific & Technical.

2 Joseph De Chiara. 1995. Time-Saver Standards For Housing And Residential Developmena New York: McGraw-Hill, Inc..

3 Qeensland Streets-Design Guidelines For Subdivisional Streetworks. 1993. The Institute of Municipal Engineering Australia, Queensland Division.

4 Sidney Brqwer. 1996. Good neighborhoods a study of in-town and suburban residential environment. Praeger westport, xonnecticut London.

5 Brian Richards. 1990. Transport in cities. Architecture Design and Technology Press.

6 Gerald A. Porterfield Kenneth B.Hall, Jr. 1995. A Concise Guede to Community Planning. McGraw-Hill, Inc.

7 Retting Richard A., Farmer, charles M. Use of pavement markings to reduce excessive traffic speeds on hazardous curve. Institute of Transportation Engineers V68 No.9 Sep1998.

8 West, Jim; Lowe. Allen Integration of transportation and land use planning through residential street design. Institute of Transportation Engineers v67 No.8 Aug1997.

9 Skene, Mike; charlTEr, Gene; Erickson, Diane; Mack, Cary; Drdul, Richard. Developing a Canadian guide to traffic calming. Institute of Transportation Engineers v67 No.7 July 1997.

10 Schlabbach, Klaus. Traffic calming in Europe. Institute of Transportation Engineers V67 No.7 July 1997.

11 Brindle, Ray. Traffic calming in Australia-more than neighborhood traffic management. Institute of Transportation Engineers v67 No.7 July1997.

12 Goldby, F.J.M.UK national traffic calming conference Proceedings of the Institution of Civil Engineers. Municiplal Engineer v103 No.1 Mar1994.

13 Castellone, Anthony J.,Hassan, Muhammed M.Neighborhood traffic management: Dade, Florida's street closure Experience.Institute of Transportation Engineers v68 No.1 Jan 1998.

14 Wrgh, Mike. Calm and Quiet? Noise and Vibration Worldwide v28 No.11 Dec 1997.

15 Ian,lockwood ITE,Traffic Calming Definition. Institute of Transportation Engineers V67 No.1 Jan 1997.

16 Jim McCluskey(欧阳志敏等译)，图解道路形式与都市景观，田园城市文化事业有限公司。

17 吴永隆，叶光毅，张耀珍，有关步道设置之基础研究（一）步道宽度之决定，（台）建筑学报，第14期。

18 吴永隆，叶光毅，张耀珍。有关步道设置之基础研究（二）步道的评估，（台）建筑学报，第15期。

19 吴永隆，叶光毅，住宅道路分类之研究。（台）建筑学报，第33期。

20 吴永隆，叶光毅，地区性交通计划改善方案研拟与评估之研究，（台）建筑学报，第34期。

21 （丹麦）盖尔（Geh1,J）（何人可译），交往与空间，中国建筑工业出版社，1986。

22 （波）奥斯特罗夫斯基（Ostrowski,W.）.现代城市建设，中国建筑工业出版社，1986。

23 朱建达，当代国内外住宅区规划实例选编，中国建筑工业出版社，1996。

24 程述成，全国第二批城市住宅小区建设试点规划设计，中建筑工业出版社，1993。

25 建设部科学技术司编，中国小康工程示范工程集萃，中国建筑工业出版社，1997。

26 赵旭，城市规划与小区建设管理，上海交通大学出版社，1998。

27 K.H.克劳（陈祯耀译）。交通安宁：前联邦德国道路交通的新概念，国外城市规划，1993（1）

28 陈坚，小汽车与居住区规划，建筑学院学报，1996（7）。

29 陈坚，探讨小康住宅示范小区的停车指标和合理规模——以北京市居住区停车调研为例，规划师，1998（2）。

30 陈祯耀，西方“后小汽车交通”现象的启示，城市规划汇刊，1993（1）。

31 周俭，蒋丹鸿，刘煜，住宅区用地规模及规划设计问题研究探讨，城市规划，1999（1）。

32 董苏华，章超汉。部分国家及地区停车问题研究。国外城市规划，1999（4）。

33 E.巴金逊（于利译），巴查南报告与交通运输政策，国外城市规划.，1991（3）。

34 黄如一，陈志毅。交通性与居住性的整合　尽端路在美国城郊社区规划中的运用，城市规划，2001（4）。

35 国家技术监督局，中华人民共和国建设部联合发布，城市避住区规划设计规范。

36 小康型住宅科技产业工程城市示范小区规划设计导则，1993－07－16发布，1994－02－01实施，中华人民共和国国家标准GB50180－93。

37 王岚，何浩，深圳市莲花二村外部空间使用调查报告。深圳大学研究生课程论文。

作者单位：深圳大学建筑系

陈 方 供稿

鹏达花园，深圳

项目负责人:陈方
主要设计人:陈方、殷滨
占地面积:60 000m²
建筑面积:90 000m²

鹏达花园位于深圳龙岗区龙岗镇内，距罗湖区布吉关约15km。占地6hm²，性质为商住用地，多层住宅加底层沿街商铺，建筑面积约为90 000m²。原规划较为一般，采用了国内传统的中心绿地+环形路的规划结构，共有三个出入口，皆为车行，区内人车混行。建筑施工图及单体桩基已经完成。但开发商感觉原规划及空间环境较为单调，恐开盘后市场压力较大，故希望借助住区环境再设计来作些弥补，因此该项目从某种意义上说，具有一定的旧区更新的味道。

一、环境更新

1.规划结构重构：

规划将原有人车混行进行水平剥离，对人车水平分离体系进行了构建。车型系统改为半环+尽端路停车；并将一车行入口改为人流入口，并作为小区的主出入口，以此为出发点，呈梳妆结构与车行系统在宅前路相互汇合。此外对居住区内的功能区域进行了再划分，明确了三个功能区域：①商业步行街区（城市公共区域）——沿街商铺；②会所休闲区（半公共区域）——会所；③私家园林区（私密区域）——儿童设施等。并建设了相应的配套设施。

2.规划空间的重构

规划运用“小中见大”的环境设计手段，通过局部架空的方式，尽可能使步行空间流动起来；同时，通过高差使局促的空间变得较有层次，并由此产生叠泉瀑水，楼台廊榭的景观效果。局部植物的密植，使得空间领域的变化更加明显。

二、环境设计中的“建筑延伸”

鉴于当前环境设计市场中多装饰、多堆砌，浮华有余而少内涵的特点，该规划采用较为简洁现代的设计手法，将环境设计作为建筑的室外延伸来处理。并突出了建筑化的环境节点设计：

①“带玻璃桥的住区大门”——与传统意义上的牌匾式大门不同。本设计将其视作建筑的一部分，三片混凝土墙+一个玻璃桥，功能有三：a 二层商铺通道;b 观景平台;c 住区主入口。

②“中心步道上的清水百页墙及柱列”——使中心广场层次更加丰富。

③“静水设计”——在跌泉瀑水中，采用静水处理，水池壁采用斜面起到吸波作用，产生水平如镜的视觉效果。

此外，鉴于原住宅单体立面设计较为平庸，为与环境设计相统一，设计师采用了色彩构成与体块整合的手法，对原有立面色彩进行了重新整合，并取得了较好的环境效果。

随着住宅社区环境设计水平的日益提高，在我国面临着大量的城市旧区改造及更新，其中便包括住区的环境更新问题。尤其是原有住区多为福利住房，规划陈旧，人车混行，随着房车私有化，环境矛盾日益突出。本设计在保持原有建筑布局的前提下，通过规划系统结构的整合、节点设计及色彩更新等手法，简便易行，对更新住区环境取得了较好的实践效果。

1

2

1. 模拟
2. 模拟
3. 总平面
4. 模拟
5. 模拟

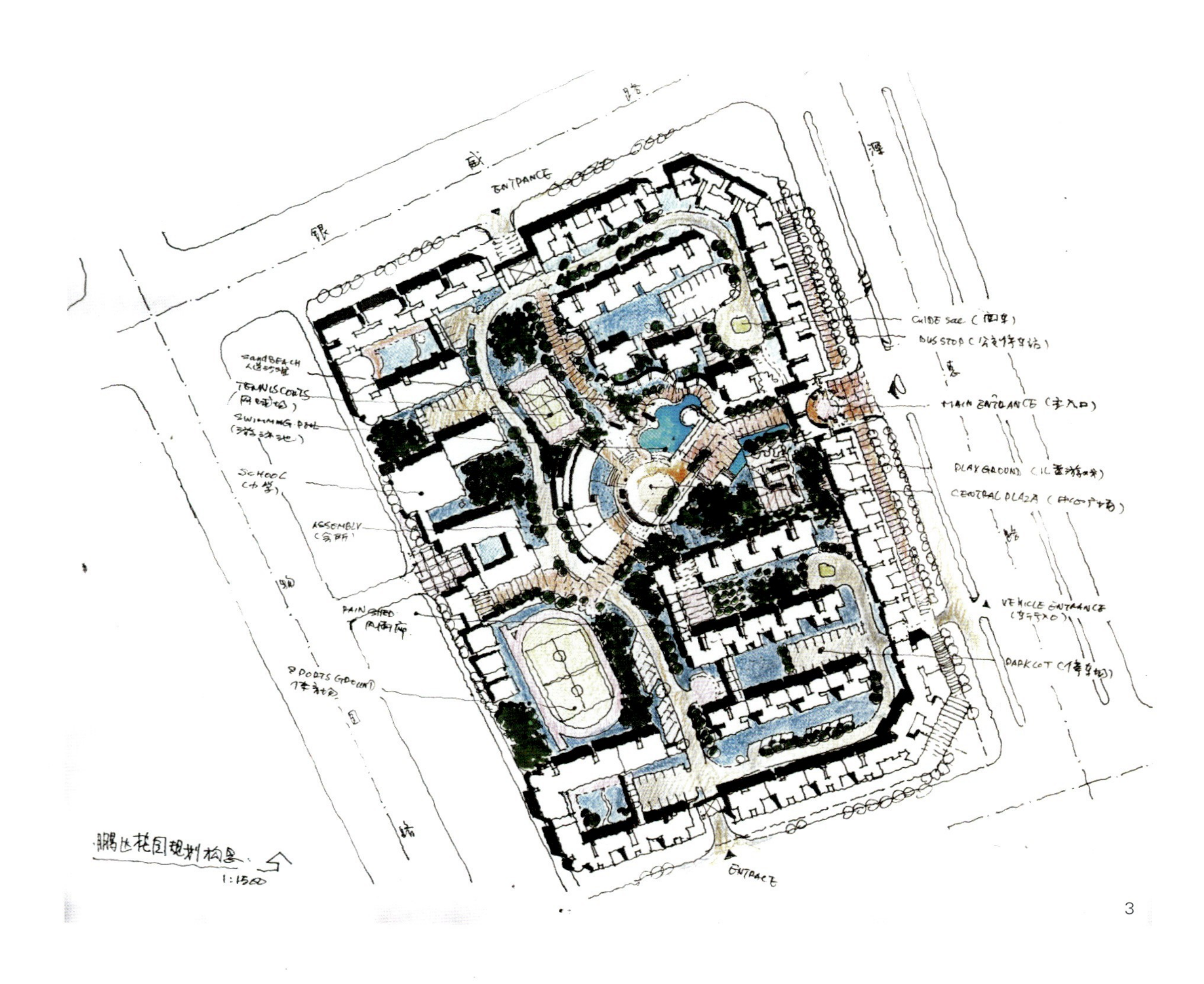

3

4

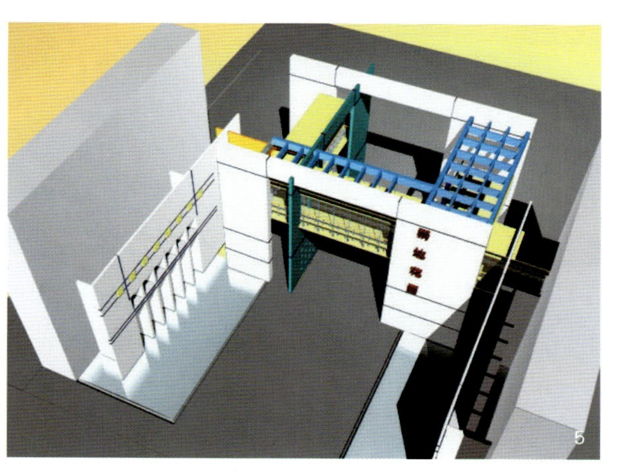

5

6
7

6.小区室外水景
7.小区室外小品
8.小区室外灯饰
9.小区室外绿化

8
9

10.入口夜景
11.入口夜景
12.入口夜景
13.小区入口旋转楼梯

10

11

12

■ 陈 方 供稿

万科四季花城，中国深圳

项目负责人:陈方
主要设计人:陈方
占地面积:230 000m²
建筑面积:350 000m²

万科四季花城地处深圳梅林关外约2km处，是运用新城市主义概念与城市居住“郊迁”相结合的一次试验。

地处城郊结合部的万科四季花城采用街区式社区概念及小镇主题，成功地弥补了城郊社区的缺陷，其自成体系的居住小城式的公共空间序列、居住街区及温馨的小城生活给购房者留下了深刻的印象，在市场销售上取得了巨大的成功。值得一提的是入住的业主大部分来自于深圳市区，从此方面来说，其对于中国城市住宅“郊迁”问题的研究提供了可贵的实例与经验。

万科四季花城从自然、人文两方面着手，将东方居住文化中的城市情结与城郊的自然生态环境相结合，其设计思想包括以下几方面：

1.引入小镇主题及街区型住宅概念，包括序列型公共空间体系及“围而不合”的城市街区邻里。

①序列型公共空间系统：与一般居住区“拥有中心大花园”的概念不同，万科四季花城设计中，采用“化整为零”的手法，提倡小尺度、人文空间序列，使得社区空间层次更为丰富。这条公共空间序列包括入口广场、开放式步街（OPEN MALL）、中心广场（四季广场）、小树林、网球公园、体育运动场等。

②公建系统：完善的配套设施是城郊社区吸引业主的重要因素。万科四季花城超越了“配套”的常规概念，试图通过营造与公共空间紧密结合的城市商业气氛，使住户摒弃对未来配套的担忧，其中主要的公建包括：入口超市、骑楼商业购物街、社区会所、观景塔、社区诊所、幼儿园、小学、体育设施等。

③城市街区邻里——“围而不合”的流动空间

万科四季花城采用城市街区邻里的概念，每个街区邻里由2～3栋住宅楼围合而成，通过1～2个配备保安的步行入口，内有较为安静的邻里花园，在邻里花园内，儿童可以安全地玩耍。但考虑到朝向、气候等因素，采用了“围而不合”的手法，以增加空间的流动性及夏日的通风等。

从公共序列空间到街区邻里，乃至私人院落，不同私密性的设计带来了交往空间层次的多元化，相对于深圳市其他商住楼盘较为重视封闭式管理，万科四季花城的开放与私密共存，给来访者留下了较深的印象。而这对于城郊社区解

1．规划设计鸟瞰
2．万科四季花城实景
3．“峡谷公园”的畅想

2

决“开敞吸引”与“封闭治安”这对矛盾是十分重要的。

2.采用人车水平分离交通体系

通过组织周边车行环路＋尽端支路的车行体系——与贯穿社区东西的公共步行序列空间系统相并行，使得车行与人行在同一个水平层面进行分离，从而达到人车基本分流的宗旨。但尽端车行路及沿路停车位与通向邻里园的步行尽端路与街区邻里的步行入口附近相融合，从而体现了人车亲和、车为人存的人文思想。人车共存的价值观还体现在通过交通组织来实现车辆单行，从而有效地缩小了路幅的宽度，减少车辆交汇时易产生的噪声，同时使路幅尺度更加宜人。

3．立体型、多层面的绿化人居系统

万科四季花城设计采用多层面，立体型的绿化系统，尽可能利用邻里空间，屋顶绿化，私家庭园等手段，为住户提供较为自然的环境：①街区性邻里空间作为社区半公共空间，为住户提供了邻里交流的场所与机会，儿童也将在此获得安全的活动场所；②为每个底层住户提供了一个私家院落；③利用较大进深的商铺屋顶作为住户的私家花园；④每个顶层住户拥有一个屋顶平台花园。

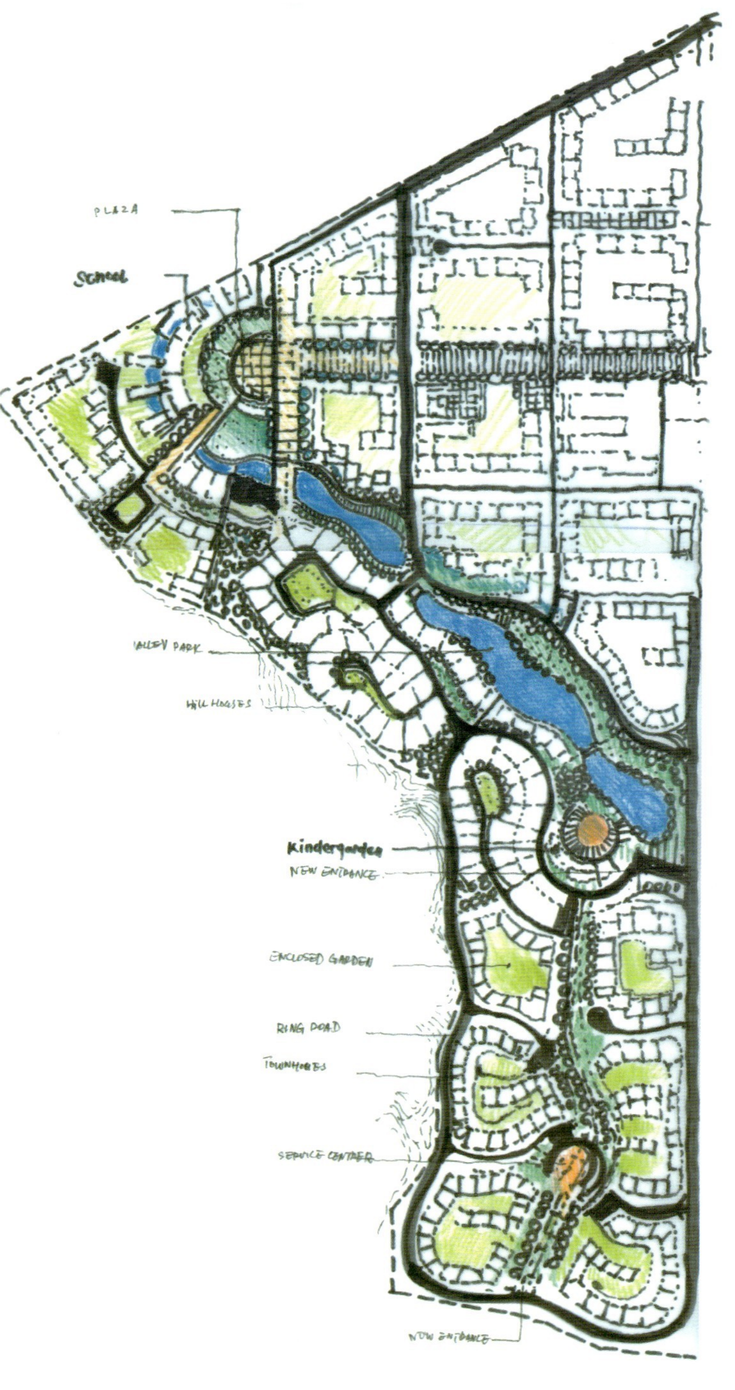

3

4

6

5

4. “牡丹苑”绿化景观
5. “牡丹苑”小品设计
6. “杜鹃苑”绿化景观
7. “杜鹃苑”小品设计
8. “海棠苑”绿化景观
9. “海棠苑”小品设计
10. 小区亲水景观设计

11. 万科四季花城小学立面图
12. 万科四季花城某住宅接入口门楼

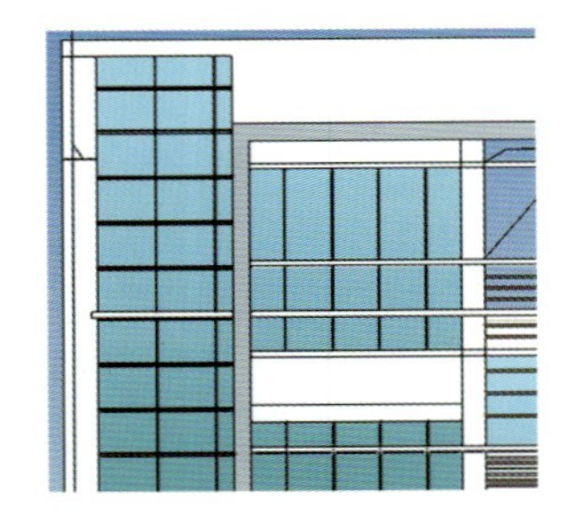
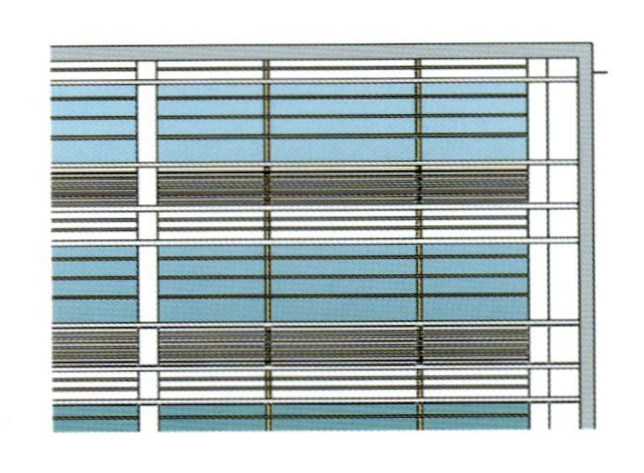
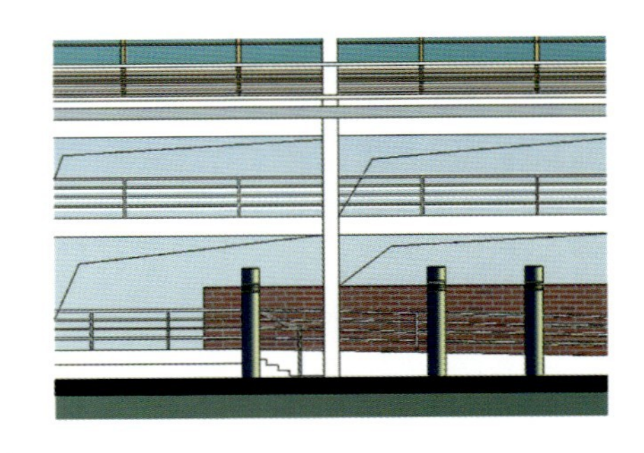

11

4.现代建筑与传统文化—— 多元化的趋势

①客家土楼与街区邻里——"围合封闭,内幽而外安"是它们的共同特点，这对现代城郊社区住宅治安与空间布局的研究具有参考意义。

②"带阳台的牌坊门楼"——中国传统建筑常常以牌坊、门楼等来提示入口及内外空间的过渡。设计者在街区邻里步行入口大量地借助此语汇，并赋予通向主卧室的阳台功能，笔者称之为"带阳台的门楼"。

③大进深的骑楼商业空间——骑楼无疑是南方建筑中的重要语汇，笔者在设计中将进深由常规的2m加深至3.3m，在顾及功能的同时，亦强化了这一语汇的力度。

④现代构成主义与传统"粉墙、黛瓦"双坡顶的结合。

⑤自建式屋顶复式单元——当地居住文化的投射。

与西方人乐意住在偏远而又静谧的自然郊区不同,深圳许多富有业主因治安、配套设施等原因，更乐意选择热闹、安全的城区，在集合社区住宅中享有别墅住宅空间，并深深乐道于自己的室内装修。万科四季花城顶层单元，通过坡屋顶空间，形成了自建式顶层复式单元，是对当地这种居住文化的一种投射。

5. 生态与可持续发展

①"峡谷公园的畅想"：在万科四季花城的西南角斜贯一条天然泄洪沟，常年水流不断，植被茂密。设计者试图以卢森堡的国家峡谷公园为雏形，通过上下游人工设闸蓄水，形成人工峡谷湖公园。此公园应是面向周围整个社区开放的。

②"雨水收集灌溉系统的尝试"：在万科四季花城沿中心广场一带，设计了屋面雨水收集系统，用来灌溉中心花园步行街的绿化，并在方塔边设置了人工水景，以作旱季补水之用。

6.户户带花园—— TOWNHOUSE 的引入

四季花城三期引入了TOWNHOUSE理念,以满足户户有花园这种更高层次的市场需求,同时也为整个四季花城提供更加宽松的环境氛围。

7.建筑材料

本项目大量采用了聚合物高分子有机物类保温、防水材料、设备管材，使"白色垃圾"得以物尽其用。如屋面的聚苯板、水泥聚苯板保温层，聚胺酯防水涂膜防水层，UPVC 排水管，铝塑热水管等。

万科四季花城在开发之初，便由开发商、设计师及当地国土部门相互配合，共同制定了类似控规性质的"万科四季花城规划与指引"，开发商严格执行控规、自我约束，这对于大型城郊社区的长远发展具有深远的意义。事实上，万科四季花城现在已开始进行了第三期的设计，每一期的划分、规划布局、交通系统及居住形态一直是依照这个"规划与指引"来进行的。

万科四季花城作为城郊结合部社区,将居住文化中的城市人文同绿色生态及可持续发展相结合,为城郊结合部居住开发提供了一种模式。

12

13

13. 小学室内坡道
14. 小区室外环境设计
15. 小区室外环境设计
16. 小区室外环境设计

御庭园，深圳

项目负责人:高青
主要设计人:高青
占地面积:5 001.79 m²
建筑面积:28 400 m²
容积率: 4.87

御庭园通过合理设计，利用有限空间资源，创造了城市型·高容积率·小地块的经典地产项目。

御庭园位于深圳福田区金田路南端，地形为一东西向长、南北向短的梯形。东临金田路及30m的城市绿化带。主要功能为小户型（户均面积75m²）住宅、商业和办公。

一、设计通过一系列手段提高高层住宅平面使用率（平面系数）

1、组织便捷的交通流线，减少不必要的公共走道,根据户型标准，确定适度的电梯厅尺寸及走道宽度；

2、合理压缩疏散楼梯面积，因平时不用，在满足规范的前提下，尽可能的减小；

3、选择合适的电梯轿厢尺寸，使电梯井的尺寸能有效控制。住宅人流不像办公、商业建筑那样集中，要减少住宅居民的电梯等候时间，主要还是靠电梯的机动性，而电梯的机动性是靠电梯数量、速度、集控方式决定的，因此，在电梯数量确定后，选择合适的轿厢尺寸，有利于节约竖向交通面积；

4、合理压缩设备管井面积，改走入式管井为半开敞式管井；

1.住宅主体建筑
2.总平面

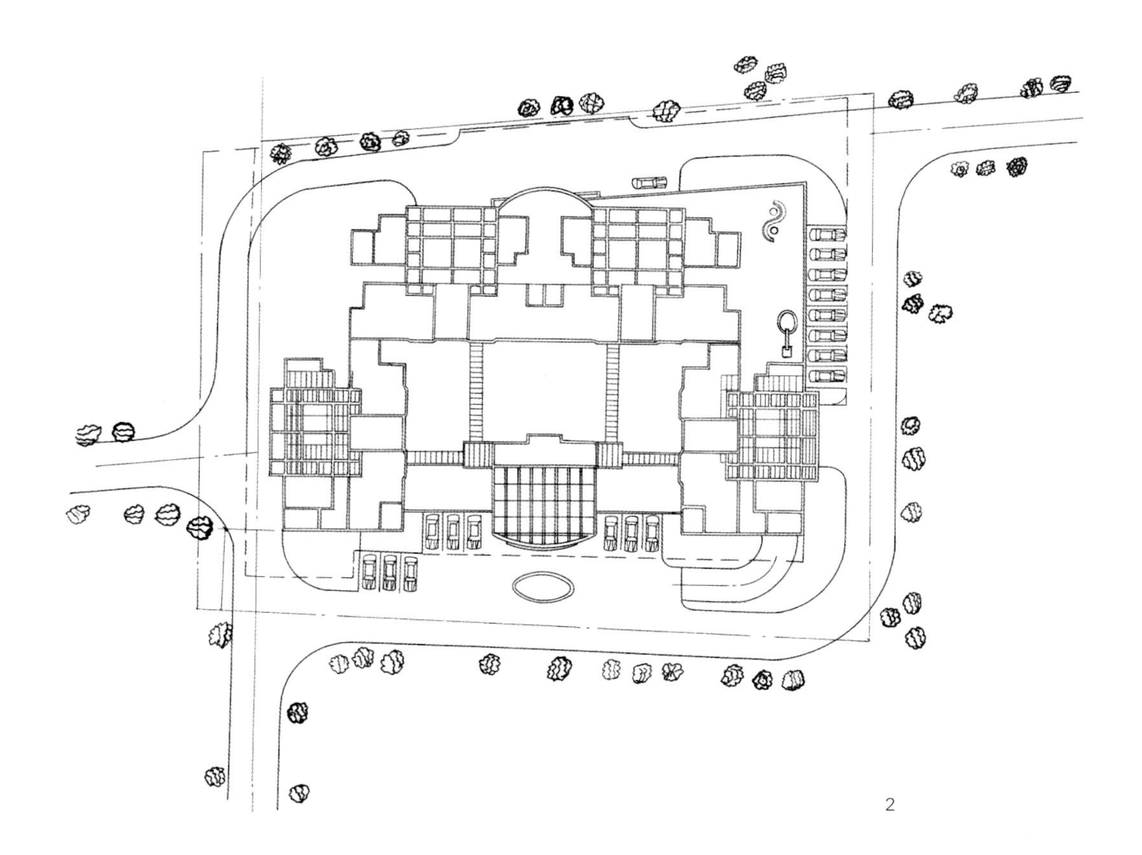

2

5、筒体结构的优化设计。

通过以上几方面的深化设计，使户均75m²的标准层平面系数达到88%～89%。

二、注重户内面积分配的合理性和使用效率

1、合理的功能分区；

2、合理分配符合现代生活方式的起居空间、餐饮空间和居住空间及附属空间面积；

3、在可能的情况下注意多使用不占空间的推拉门；

4、通过采用合理的开间尺寸、使用空透性阳台栏杆和低窗台、透光系数高及视角宽的大窗及转角窗等构件，扩大室内的空间感。

三、协调处理商业、办公与住宅之间流线相互干扰问题

为了避免商业人流与住宅人流混杂，保证商业空间的完整性，设计在首层西面设有一个三层通高的、130m²的住宅大堂，使所有的住宅人流均由此乘两部液压电梯直达架空层，再经架空层的风雨廊分别进入四个单元的电梯厅。这不仅解决了住宅与裙房商业的矛盾，也比通常分别设四个住宅电梯厅和出入口节省了许多面积，更由于集中而气魄的住宅大堂，满足了全封闭式住宅物业管理要求，为物业升值创造了条件。

四、利用环境资源和创造新的环境

在总体布局上，设计师注重借用金田路30m的城市绿化带和路对面的小区中心绿地景观，以及南向远景中的山峦。同时，在第三层设计了架空层，主要用作绿化、儿童活动和休憩空间。架空层的设计充分考虑了种植的可能性，除进行了必要的荷载计算外，还预留了50cm的种植覆土高度，为种植土、排灌系统提供空间。

五、结构体系与建筑空间的有机结合

由于功能不同，用一种结构体系难以适应不同功能的要求，我们在二层以下充分利用五组分布均匀的电梯筒体，采用了框——筒结构，尽可能解放空间，在建筑面积3110m²的地下室中（含设备用房和六级人防面积600m²），布置了86辆车，平均每辆车的建筑面积仅为29m²。而架空层以上则采用钢筋砼筒体——短肢剪力墙结构，并把转换层设在二层，既满足了住宅的功能需求，也保证了架空层合理的空间高度。

3

4

5

3.住宅入口
4.住宅玻璃顶细部
5.住宅入口廊道
6.住宅单体A 标准平面
7.住宅单体B 标准平面
8.宅前景观
9.小区内院绿化景观

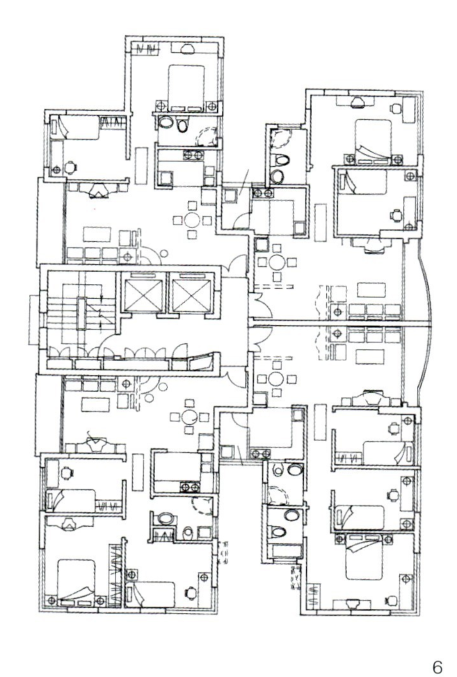

6

8

9

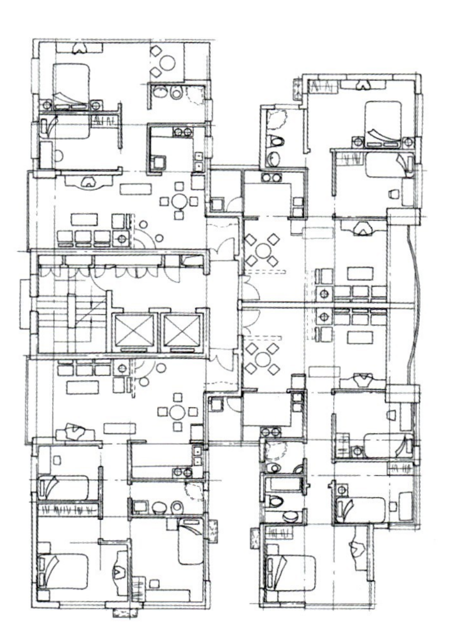

7

富苑花园，长春

工程设计人员：建筑：黎宁、傅洪、夏春梅
结构：傅学怡、刘畅
给排水：谢蓉
电气：肖冬开
通风：温亦兵

占地面积:27 400 m^2

建筑面积:86 900 m^2

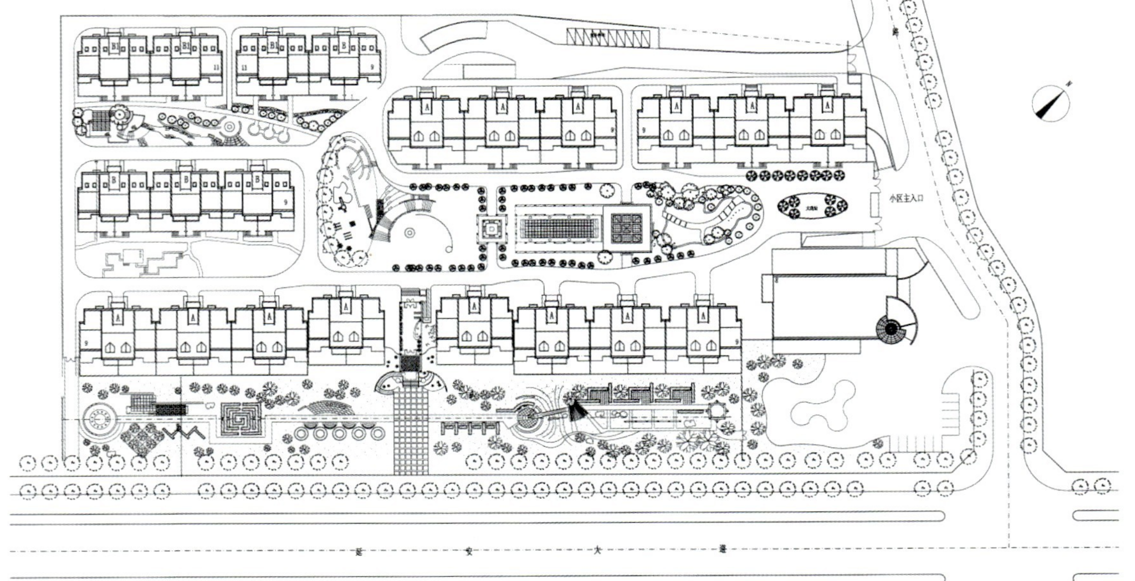

2

1. 鸟瞰效果图
2. 总平面
3. 中央绿地景观
5. 建筑入口景观
5. 绿地小品

3

长春富苑花园坐落在风景如画长春的南湖公园旁，基地呈矩形，长270m，宽110m，长向临延安路，人行道树木高大，挺拔成林，地形平坦，基地面积2.74hm²。

富苑花园总建筑面积86900m²，其中住宅建筑面积72630m²，公建建筑14270m²。小区设计力图使区内各户均能充分享受自然的空气、阳光和绿化以及开阔的视野，住宅户型按"后小康"住居模式设计，由多层和小高层组成，一梯两户，每单元均设一台电梯，户户朝阳并有良好的视野和通风，户内的"跃式"处理丰富了住宅空间并使动静分区明确；底层抬高半层，利用半地下车库屋顶作为底层住户的小花园，减少了室外对住户的干扰，并为底层住户提供了私人的户外活动空间，使底层这一历来滞销的楼层成为"抢手"货。小区交通实行完全人车分流，将大片的室外空间作为绿化、广场、水院、温室、儿童游乐场、亭廊等户外公共设施，为小区住户提供丰富多彩的活动空间。

4

5

6.住区内道路及路边小品
7.住区入口建筑室内

6

■ 袁仲伟 供稿

宝安御景台，深圳

1

2

1. 实施方案效果图
2. 第一轮方案草图
3 总平面

3

项目负责人:许安之, 高　青
主要设计人:袁仲伟　赵勇伟
占地面积:35 459.4m²
建筑面积:124 107m²
建造时间:1998～2000 年

该项目位于深圳市宝安区经济、政治中心之宝城四区，地块紧邻由影剧院、文化艺术馆、图书馆等组成的宝安文化中心和宝安最好的中小学，宝安金融一条街和人民医院亦近在咫尺。周边路网完善，交通顺畅。基于如此优越的区位环境条件，开发商自然将该项目定位为宝安目前最高档的标志性精品住区，其目标客户为宝安区高、中收入的精英阶层人士。该项目作为体现后小康居住模式的典型社区，推出后，被评为深圳市2001年度十大明星楼盘。在市场上更获得了巨大成功。特别是由最具特色的主打户型组成的3号楼，在小区尚未完全建成时，即告售罄。

该方案总体规划以一幢15～18层退台式住宅为骨干，将凸字形用地斜向一分为二，并与沿用地周边布置的8层，12层及33层三种高度的住宅，分别围合成南北两个庭院。该方案最引人注目之处是其个性鲜明，极具整体感的空间形象。但我们在设计时主要关心的问题并不是形式，而是在基地条件及容积率要求的制约下，如何最大限度地创造每户最佳的视野、朝向。尽量拉开建筑间距，形成开阔的庭园空间。最后的形式只是为达以上目的，对各种制约条件进行周密分析后得出的结果。在较狭窄的凸字形用地上运用这种布置方式，不仅克服了一般布置方式所难以避免的空间局促感，产生了变化丰富，生动活泼的庭院空间效果，还获得了更高的容积率、更好的朝向与户内视野。

户型的多样化与独特性是本方案的又一特色。户型设计是建筑师与开发商之间密切互动，反复修改的结果。在设计早期，建筑师曾有意从提高户内舒适性及绿色节能的角度，推出两种具有超前意识的户型。试图以这两种新户型引导一种新的居住生活方式。但开发商最终考虑到宝安市场较为保守的情况，认为市场风险太大，最终只能割爱。

在造型设计方面，建筑师本想利用本方案群体关系整体感较强的特点，试图有所创新。但数易其稿之后的实施方案还是市场流行的所谓"欧陆风格"。这个结果虽然是建筑师最不愿看到的。但我们仍对开发商基于市场的选择给予了充分的理解与合作。

——由于各式各样的局限，有许多感觉很难准确表达出来，我越来越不在乎艺术观念和艺术形式的障碍，常常感到艺术创作好比探险，一切是未知的。探索新的形式，感悟生命内在潜力，这样的过程将把我们引入一个新的境界。

——艺术又是群体的行为，尤其是搞雕塑的，个人的艺术灵感来源于社会、来源于生活。作品的完成需要那么多助手帮助完成，在这个操作过程中，他们的潜在意识会牢牢地表现在作品上面，不要过多的为了什么完美的目的而忽视自然所赏赐给我们的那种意外的痕迹或效果，"上天"在检验我们的视觉能力和心灵开放程度，如果真能形成一种本能，这是一种福分，否则将是艺术的遗憾。

张 翼、王 珏 By Zhang yi Wang jue

张宝贵与他的再造石艺术

2

3

1

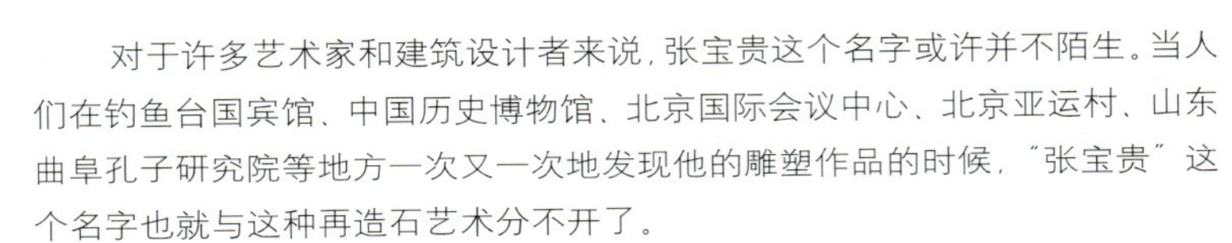

对于许多艺术家和建筑设计者来说，张宝贵这个名字或许并不陌生。当人们在钓鱼台国宾馆、中国历史博物馆、北京国际会议中心、北京亚运村、山东曲阜孔子研究院等地方一次又一次地发现他的雕塑作品的时候，"张宝贵"这个名字也就与这种再造石艺术分不开了。

——社会的发展需要丰富多彩的语言，从某种意义上讲，一种材料或者一种装饰效果也是一种符号语言。我们在社会实践中不断感悟带有时代特征的语言。

何谓"再造石"？

"再造石"是以水泥为胶凝材料，以天然石渣为集料，通过模具成型的一种新型装饰材料。比起传统的以树脂为胶凝材料的"人造石"来说，由于"再造石"选用的主要是无机材料，因此更耐老化，具有较强的石材质感和艺术效果。

在再造石装饰品制造的过程中，根据需要表现的质感和效果，选择相应的天然石渣、石屑、河砂、豆石为集料，并以水泥为胶凝材料，采用模具反打工艺、震捣成型的方法。制品内部根据需要配筋、预留金属埋件，以此来增加装饰品的强度，便于与墙体等结构部位联接。制品也可借鉴GRC材料制作的方法，并辅以GB891等材料添加剂以达到水泥制品改性、提高材料稳定性的目的。制品表层添加杜拉纤维，解决了令人头疼的水泥制品表面龟裂的问题。该制做方法已经获得了国家发明专利并荣获中国专利新技术金奖。

由这种材料和工艺制做成的再造石制品，从外观上看，其效果与天然石材雕塑几乎没有区别，但相比起来制做更为简单方便、重量轻、价格也更为经济。对于许多承重有限的楼房，采用这种装饰品来代替纯粹的石雕和金属雕塑，效果几乎相同，且更为轻质；对于室外的景观小品或叠石造山工程，采用再造石的产品不但经济实用，而且能够做到天然石材难以达到的"想让石头长成什么

1.奠基
2.对话
3.中国劳动妇女
4.老三届（正面）
5.老三届（背面）
6.百乐大叔

4

5

6

样，就可以长成什么样”的效果。这一技术的进步，对于艺术家来说，无疑也是一种令人激动的思维解放与进步。

——我是在求生存背景下涉足造石艺术的，由于生活的经历和命运的安排，使我和造石艺术结下了难解之缘，并且真心实意地爱上了她。

张宝贵的艺术道路

从张宝贵的个人简历来看，这位雕塑家的道路似乎既复杂也简单：

1950年生于北京

1968年去山西临猗县插队

1987年回到北京，致力于造石艺术的研究与创作

1989年在北京图书馆举办个人作品展

1995年在中央美院画廊举办个人雕塑展

1996年在中国美术馆举办个人雕塑展

1993年以来，连续九届参加中国艺术博览会并获奖

1996年以来，连续四次参加中国雕塑论坛会

……

对于张宝贵来说，去山西插队的20年是让他无法不铭记的时间。在这个期间，他当过农民、工人，做过教师、搞过艺术创作。这20年的生活赋予他强健的体魄，坚强的意志和做人的准则，也让艺术深深的感染了他。

在简历中的那句“1987年回到北京，致力于造石艺术的研究与创作”代表了另外一段艰辛的岁月。放弃当地提供的住房与工作条件，离开山西回到北京，与妻子和两个孩子在昌平县落户下来。初来时生活相当困难，没有工作，住在土坯房里，最困难的时候需要翻箱倒柜找几个子儿过日子。在这样的情况下，最初从事艺术并不是为了艺术的追求，也并没有当艺术家的想法；只是为了生存。为了把户口从山西迁回北京，不得不努力干，希望做成事情，得到社会承认。想干好又没有受过专业训练，只有拼命学习。有了钱就买书，有功夫就去美术馆，有可能就找艺术家、建筑师、材料专家、哲学家侃一侃。有了机会就搞创作。正是这样的交流、不同专业的学术交流，使人有所感悟、有所收获。这样的机会越来越多，层次越来越高，知识也就越来越丰富。这种“人皆我师”的态度使得张宝贵在艺术创作方面取得了突飞猛进的发展。

不是科班出生，因此也不受现有的教育与规矩的限制。对张宝贵来说，任何的艺术形式对他都具有吸引力：雕塑、版画、漫画、油画、年画、国画、连环画、各种材料的装饰品、剪纸，甚至儿童的涂鸦。没进过科班也就不懂得规矩，更不必拘泥于某个专业的范围。他不停的寻找兴奋点，而这种兴奋点总也不固定。创作中一旦来了情绪，想法会源源不断，什么样的信息都会往外冒。在创作的一刹那，哲学思维、艺术形式、工艺材料、建筑空间、环境艺术……这种种专业知识，像是被置于万花筒中，不停地滚动，不停地碰撞，从而形成不同的新的构想。

但是，相比起这些艺术的理论和艺术的形式，对张宝贵影响最深的却是在苦难的生活中得到的一次又一次的感动与关爱。

“插队时，陈百乐大叔送来了普普通通的一碗面条。如今想起来，那碗面比什么都香。那不仅仅是饥饿时人对食物的需要，而是生活中一个普通人对另一个普通人的关心，体现了一种不求回报的真诚的爱。百乐大叔已经去世，为了纪念他，我试着做了个浮雕，就叫《百乐大叔》。浮雕呈面具形式，其中对那段情节作了抽象的刻画。那时手法很幼稚，但每当看到那作品，就想到他，向人介绍时也往往联系到那段经历，往往会情不自禁地激动起来，借助美好的回忆，人被净化了，情感得到了升

华。”

“在生活中常常会感到来自社会各个角落的不同形式的关心和爱护，一时很难说得清。我常常想，没有那么多人真心实意而且及时的支持，就不会有造石艺术事业今天的局面。我感觉到了生活的美好，爱的普遍存在，反过来，也让我学会了爱他人，爱护我的工人，热爱艺术事业的同时也热爱上了我的生存环境。人为什么会产生激情，事业为什么会发展，情感场不能不说是一种源。”

“我对《百乐大叔》这件作品至今看得很神圣，因为那是我的一种精神崇拜”。

用聚苯板做模具，用水泥做雕塑，干了十几年，摸索了十几年，这之中不仅仅是雕塑理念和雕塑形式的，也是雕塑工艺和雕塑材料的；在摸索的过程中，虽然也从前人和他人的作品或体验上受到很大感染和启发，但是更多的是来自于生活的经历和雕塑的实践，特别是在材料的应用和工艺的探索方面感悟不少，有时会引发新的观念，慢慢体会到了一些雕塑的新符号特征。由于张宝贵选择了用聚苯板直接做阴模，因此制模速度快，成本低，减少了许多非艺术因素的顾虑，常常可以大胆地去锯，去削，去烧，去腐蚀。尽管工艺手法非常简单，但就是这种朴实、经济又特殊的材料，在制做过程中派上了大用场，产生了意想不到的艺术效果。

1997年在清华大学建筑学院召开的全国雕塑论坛会上，张宝贵的论文《新材料新技术对环境艺术的影响》引起了会议的关注，也引起了著名建筑学家吴良镛先生的兴趣。由吴先生亲自主持设计的山东曲阜孔子研究院正殿的屋脊上要安装3.73m高的装饰雕塑，四个角一角一件，为了体现孔子的人格特征，决定将原来通常采用螭吻纹样改为凤形纹样，既要符合建筑形式、建筑体量、建筑空间的需要，又要充分体现孔子文化。凤的形式来源于传统，要求经过提炼，变形为具有现代特征的装饰雕塑。任务就落到了张宝贵的身上。

工作的最初总在反复，没有感觉，几乎失去信心。吴先生三番五次到昌平的创作基地讨论指导，终于在一种偶然状态中激活了想法。孔子的人格特征简单的归纳成两个字，那就是“仁义”，因此在雕塑中应尽力表达柔性美，经过研究，决定造型以流畅的曲线为上，减少硬的刚性的造型、凤尾的三条线型结构于是向外成弓背状，凤的胸部、头部成饱满状，这些做法能够很好的表现生命的张力。整个造型大量参考了汉代和汉以前的一些资料，并大胆作了变化的尝试，凤尾、凤翅改变了原型的位置关系，这样处理更有利于与建筑上螭吻的大轮廓形状协调呼应。对凤的的刻画需要非常全面，这里可以引用吴先生讲过的确一个故事：有的佛像脚底也有纹样，而且做工很细致，虽然游人不一定可以观赏到，但是表达了雕塑者的心理状态，完整的造型是不可马虎的。因此，在对凤的处理中除了强调凤头、凤尾、凤翅、凤冠外，还对凤爪简单地做了凹线的表现，这种做法使得整个雕塑完整，而又主次分明。几条凤尾的相交处设计为镂空的曲线，以追求灵气和动感，并保证了从各个角度均可以欣赏到造型的理想效果。

皇天不负有心人，经过不懈的摸索与努力，辛勤的劳动终于结出了丰硕的果实。各种名目的奖励也一项一项的找上门来。张宝贵的雕塑作品《对话》和浮雕《喜怒哀乐》被中国美术馆收藏，其中的《对话》成为了《20世纪中国美

7.大圆融
8.山东曲阜孔子研究院
9.1998
10.看透
11.无为

7

8

10

9

11

术》中不多的雕塑作品之一；浮雕《四方神》、中国文字系列《春》、《爵》被世界银行收藏 。1993年至2001年连续九届参加中国艺术博览会，获优秀作品奖。1998年浮雕《世纪末的思索》获二等奖 。除此以外，在诸多著名的宾馆、展览馆、会议中心和居住小区中，也留下了数百件"再造石雕塑艺术"作品。

雕塑的环境观

在与崔恺合作外研社的环境雕塑设计的时候，张宝贵就曾经提出了这样一种想法：除了在外研社中设计和摆放一些大的雕塑以外，希望在环境中寻找一种和谐的语言。比如说，在外研社的墙砖中，埋几个只有墙砖大小的浮雕，将几块砖替掉。这种看似不经意的做法使得整个环境中除了那些大的、正正规规的设计之外，能够让想法自然融入环境中间。这就是建筑细部的一种形式。如果雕塑是一些字，那么这些字就融在了砖里；如果雕塑是一些小的符号，那么符号也就融在了砖里。

从多次与甲方、建筑师接触的经验来看，现在的建筑细部和环境雕塑往往无法做到相互的渗透与融合。许多的甲方与建筑师不得不接受一些无法与环境对话的雕塑或者细部，原因仅仅是因为雕塑师非常有名气，或者是根本没有考虑到环境中的人和原有文脉的存在。这种做法不仅仅是使得整个环境比较别扭、细部不够耐看，其实也是一种强迫人们接受的做法。雕塑的人多么有名气并不是重要的，雕塑本身价值连城也不是环境中最重要的。许多人都有过这样的经验：一个环境中放了一个不相配的雕塑，看不懂，也没有人喜欢。人们不会因为雕塑家有名或者雕塑本身的价值连城而去认真的研究和端详这个雕塑，因为绝大多数的人都不是文物学家，也不是雕塑研究家。这种做法忽略了这个空间中最大的人流，也忽略了最终在这个环境中生活的人群，而恰恰这些才是与雕塑见面最多的群体，才是这个环境服务的人。

对于张宝贵来说，设计环境中的雕塑就像是做一道习题。它不同于那种招标式的"打擂"：看谁的更漂亮、看谁的更便宜；这道习题是包含了艺术与环境中的人的题目，如果能够解出新意，能够从尽量多的角度考虑，这是值得探讨的，雕塑也就有了灵魂。现在人们把一些行为艺术、装饰艺术作为一种"现代形式"来看，而更重要的现代形式是与人的存在形式息息相关。

在一个小区的设计中，张宝贵被邀请去为一片绿地做一些圆雕和浮雕。他却偏偏对地上高起的地下车库通气口产生了兴趣。一般的通气口，往往除了盖成一个小房子，就是一个小烟囱的造型，没有人对此进行过认真的设计。基于对再造石特性的了解，张宝贵希望用1～2cm厚的再造石做成空心的石头雕塑或者假山，以保证中间的通风和换气，石头上面可以种垂蔓、可以落水。这样，地面上就形成了非常怡人的空间，开发商和设计人员也不用在小区里做更多的环境小品设计，空间利用也能更有效。其实这类可以用作环境优化和改良的地方还有很多。

对于许多在环境中看上去不舒服的地方，用再造石来进行装饰是一种很好的思路。装饰，用人们口头的话来说就是打扮。人打扮得恰如其分，也就耐看了；环境打扮得有特点了，少有一些堵心的形式，人们的生存也就多了许多乐趣和幻想。对于一些几乎没有人关注的地方，室外的像井盖板、雨落管、水篦子、马路崖子，室

12

内的如电表门、阀门等等，都可以是用于装饰和打扮的地方。

值得一提的是：现在许多景观、小品和类似的一些设计，都是在建筑基本完工或者已经完工后所做的扫尾工作，因此往往碍于时间和工期草草了事。但这里面的文章非常多，如果按照张宝贵的说法：这是一道应该认真做而且需要做好的习题，环境景观设计者、雕塑家们需要和建筑师多接触，互为沟通，环境设计（包括一些小品的设计）应该尽早一些考虑，避免环境中处处打补丁。

张宝贵非常强调从环境角度去理解雕塑，而这里所说的环境是空间的、体量的、形式的、色彩的、结构的，也是人文的。在这种意识之下，人的思维空间变得很大，学会了变换角度去假设，去审视，去修正。在建筑整体设计的大思路状态中，自由地去表现和尝试，并在不断交流中去学习、领会和修改。也只有这样，才能真正的创作出人们可以接受的、在环境中能够找到上下文的、合适的雕塑来。

企业管理也是一门艺术

最初用自己的名字来注册一个公司，主要是为生计所迫。张宝贵和一群农民，就这样在14年中一点一点把这个公司撑起来，而且越来越大。对于企业员工的管理，张宝贵对许多严格而细致的管理办法不太习惯。那些将每个细节都建立在惩罚制度上的方式尽管能够造就一个相对高效的企业，而且企业也会产生很好的经济效益，但是，在他看来，这样的企业就只有了“工具”而没有人。

“现在世界上的一切产品，冰箱、洗衣机、彩电……不都是为了人设计的吗？如果一个企业中把人就当作工具来对待，那么这个企业创造的财富虽然很有价值，那么另一种更有意义的事情哪儿去了？”

作为“北京宝贵石艺科技有限公司”的总经理，张宝贵提倡一种“无为而治”的管理方式，所谓的“管理”，在他看来不是对员工的刻板要求，而是服务于人、尊重人、调动人，把人的能量挖掘或释放出来，只有这样，管理者才能坦荡的面对员工，才不愧具有现代意识。尽管在这种管理模式下会出现许多令人不满意甚至非常失望的事情，尽管这样的管理模式往往使得员工的工作效率不高，但是，气氛活跃了起来，创作的思维活跃了起来，而艺术的设计也就自然充满了生机与活力。

“每当看到工人又脏又累地干活儿，心里总不是滋味儿……，现在人们习惯讲老板养活了多少多少工人，可我不这样看，真的打心眼里认为是工人养活了我，没有他们吃苦受累，没有他们的出谋划策，我的所有艺术构想也仅仅是个美好的梦而已，更不要设想什么所谓的事业了。所以在他们身上破费，从来不打算盘……”

探索人性化的管理，一般来说并不现实。有时候发展的速度因此比较缓慢，往往也会自找麻烦。有时候员工做出的作品并不令人满意，这是常见的事情。原因非常多，也非常简单。这里的工作人员多数都是农民，在各种方面都还有很多的不足，而这种管理的松散方式也使得许多方面不够到位，技术本身也不一定非常到位。有人认为这种管理太“软弱”了，需要“硬”起来，可是张宝贵有自己的看法。对公司的管理人员，张宝贵常常讲：“请你们尊重我们的工人，不允许欺侮她们，我宁可接受失败或破产，也不愿意她们被扭曲”。提倡自由和对人的尊重，这样的感觉和价值观并非会带来什么直接的好处。但是，艺术是一种创造性的劳动，是一种寻找美的工作，在寻找中学会发现也要学会放弃。好的行为节奏本身就是一种艺术。艺术又是一种群体的行为，尤其是雕塑，个人的艺术灵感其根本是来源于社会、来源于生活。作品的完成需要那么多助手帮助完成，在这个操作过程中，他们的潜在意识会不可避免地表现在作品上面。如果为了什么完美的目的而改变人的本性，就忽视了自然所赏赐给我们的那种意外的痕迹或效果，其实也是艺术的遗憾。

如今，企业刚刚进入发展阶段，一步一个脚印往前走，有许多不够尽善尽美的东西，有许多让人不满意的地方，但公司的影响越来越好，士

12.路漫漫……
13.希望之神
14.母与子
15.生存状态

13

14

15

气也越来越高涨，加上国家形势的好转，也使得这个"宝贵石艺科技有限公司"看到了一个非常美好的前程。

张宝贵又在盘算着新计划，希望在三五年以后也能够发展为一定实力的集团公司，员工在三五年以后持有公司的股份，盖起宿舍楼，让一起创业的农民兄弟姐妹住进自己的新居……

"十四年没有挣到什么钱，我很骄傲"

企业越来越有名气，生意也越来越红火。最大的收获不是赚了很多钱，而是有了自己的信誉和自己的牌子。做生意不去骗人，就能把买卖做大，像老太太卖白薯，对所有人很诚实，很公道，不骗人，就这样，人家总会给活儿干。最初给钓鱼台做雕塑，几十件浮雕，按照艺术价值来说，那些作品价值起码上千万，而实际才给了十万。尽管没有因此而成为大款，但事实上的广告效应却不可忽视。世界的一个生存法则就是信誉。张宝贵的企业办了14年，没有积累下太多的财富，但在不知不觉中却有了信誉。

有人说，14年都没有挣到钱，这是傻子。可张宝贵却被另外的东西吸引了。

钱能让人快乐。不过在生存中真的有探索、有体验，又敢于和自己叫劲儿的人会更快乐。张宝贵貌似傻子，他很清楚不欺骗社会，不欺侮工人，很可能受到低效益的挑战，而且经常会出现一些意想不到的又让人痛心的事情，可是尽管会遭受一次又一次的折磨，但是，度过了这些困难，再回头看看自己的历程，虽然很少把挣钱的事儿喊在嘴头上，但越来越多的人认为这里的作品很值钱。许多人看好了"宝贵"这块牌子，而这个品牌是用心培养出来的，不是用钱堆出来的。人不要成为钱的影子。"面包会有的"，只要是一群一起齐心协力干事情的人，做成功事情才是最重要的。刚开始，给亚运村做的东西，每平方米60元钱，当时人们都说，60块钱太贵了，水泥做的东西怎么值60块钱呢？而今，现在每平方米1500块钱，人们都说太便宜了，说一个有影响的艺术家，作品不能卖这么便宜。14年，虽然没有挣到什么钱，可是有了实力、有了品牌、有了信誉、有了顾客。相比起这个期间赚了钱又倒闭了的多少公司，"宝贵"成功了。

"……我本不知何为雕塑，可又实实在在进入了这个行当，边干边体验。一晃儿已是十几个春秋。我本不是材料学科圈儿里的人，在搞雕塑制作的时候和水泥打上了交道，越搞越有体会，越有窍门，越感亲切。发现了一些特性和规律，搞出了让材料专家惊讶的发明与创新，常被邀请到全国建材学术会议上讲研究讲体会。我本不是学工艺技术出身的，只是在雕塑创作中摸索出了一道工序成模的专利技术，经济快捷，可以及时有效地把艺术冲动转化成作品。我本没有上过建筑专业院校，在搞雕塑的应用研究中结识了越来越多的建筑专家，建筑专业的语言对雕塑艺术的影响潜移默化，受益匪浅。我本不是买卖人，为了生存，在把雕塑推向市场中，慢慢地搞起了自己的企业，越来越有生命力，影响也越来越大，只是没有存下钱，有人认为不可思议，我常为此骄傲。我本不清楚哲学的许多定义，只是在特殊的生活中另有所悟，常常有感而发，也偶尔被邀到大学或专业会侃大山，好不痛快……"

作者单位：清华大学建筑学院

王　昀 By Wang yun

高塔林立的中世纪城市
——圣·几米尼阿诺小城探访

在意大利的托斯卡纳地区，有一个高塔林立的中世纪小城市（图1）——圣·几米尼阿诺（San Gimigiano），它地处佛罗伦萨以南和锡耶那以北，距锡耶那约40km。小城建于丘陵上，伸展于纵横为800m和500m的范围里，周围城墙始建于公元900年前后，后于公元1200年左右不断地对其加建，从而达到现在这样的规模。

这个以塔而著名的小城市，在公元13至14世纪之间曾是罗马法皇派和神圣罗马皇帝派之间的激烈争斗之地，充满过血腥和残暴。后来因这里盛产葡萄酒，吸引了不少富贵的生意人，小城的经济也因此得以繁荣。目前耸立在城中的那些建于文艺复兴时期的塔便是当时富贵之族为显示自己的地位和权威而竞相兴建的。据称最繁盛时期城内曾有高塔72座。尽管目前只剩14座，但当时繁盛的景象却不难从现状中得以想像。伴随着周围新的城市国家的不断兴起，小城过去曾一度优越的发展条件逐渐被其他城市国家所代替，自公元1674年起，圣·几米尼阿诺便开始从繁荣走向衰败。为显示贵族权势和地位而竞相建塔的风潮也不得不因此划上了休止符。那些作为历史见证和遗产而保留下来的高塔今天已成为圣·几米尼阿诺具有特色的城市风貌（图2）。

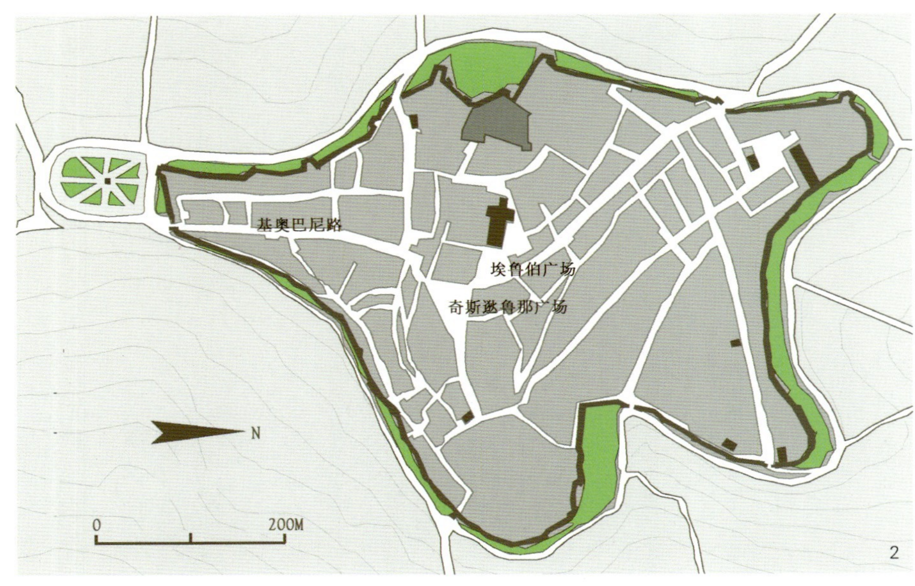

2

1.高塔林立的中世纪小城圣·几米尼阿诺
2.圣·几米尼阿诺城平面图

为探访这个在造型上具有现代特色的中世纪小城市,我们从锡耶那乘车来到这里。因到达时已是傍晚,城外显得很黑暗。只有从城门才透出城里通明的灯火。一条明亮的商业街从城门——基奥巴尼门一直通向小城的深处。这条街叫基奥巴尼路,走进这里犹如走入了中世纪的舞台。路边两侧满是餐厅和店铺,漫步在街道上的熙熙攘攘的人群,似乎他们不是这里的游客和居民,而是中世纪影片中的演员和人物。耸立在路尽头的高塔控制着整个街道的景观。穿过此塔侧面的第二道城门,空间豁然开朗,这里便是城市的中央广场叫奇斯狄鲁那广场(图6)。广场呈三角形,其中央有一个13世纪挖掘的水井,此水井曾是该城中最重要的水源。在广场的旁边,相临接的还有另一较之略小的广场叫埃鲁伯广场(图5、7)。圣·几米尼阿诺大教堂就建在埃鲁伯广场一侧的数段台阶之上。大教堂为罗曼内斯库3柱廊式,教堂左边有一处54m的高塔,这是整个小城最高之塔。据说塔于1255年建成后不久,地方政府便下了一道禁令,不准以后再有超过此塔的新塔出现。

城内砖石结构的建筑和街道给人以强烈的整体感(图3、图4)。特别是街道的宽窄与建筑的高低关系显得十分融洽。我们住在面向奇斯狄鲁那广场的一家旅馆里,它完全是利用旧建筑改装的,旅馆外部保持着原有的建筑形式,只有根据需要对其内部进行了新的布置。从此不难看出当地居民对这些古代遗产所采取的态度。

在这个具有现代城市风景的中世纪小城中,曾经竞相兴建高塔的心态与20世纪商业社会竞相攀比建筑高度的想法却是如此地相似和令人深思。

作者单位:北京大学建筑学研究中心

MARMO
ALABASTRO
PIETRE DURE
3

4

3.圣・几米尼阿诺城中街道
4.从街道看圣马特拱门
5.从圣・几米尼阿诺教堂一侧看埃鲁伯广场周围的高塔
6.奇斯狄鲁那广场和中央水井
7.埃鲁伯广场的入口处

■ 夏海山 By Xia haishan

形式之外
——荷兰“树状”住宅解读

荷兰作为欧洲现代建筑的发源地之一，其深厚的现代建筑传统（贝尔拉格、“风格派”、“结构主义”等）就足以让荷兰人自豪。善于艺术创新使他们领建筑潮流之先，透过各式各样生动的荷兰建筑形象，我们又能看到建筑师对建筑严肃思考的一面。彼德·布罗姆(Piet Blom)设计的鹿特丹“树状”住宅就是其中一例。

1．建筑——城市

“树状”住宅位于鹿特丹市中心密度很高的老港口Blaak附近。这一地段上密密麻麻地建了各种风格高低不同的建筑，让人怀疑这里是否有过规划，在这种环境里“以闹治闹”别出心裁的“树状”住宅压倒了一切声音成为主角，这组不可思议的建筑也使这一地区名声大作。

在城市中寻找“树状”住宅并不难，每个人都能为你指路。建筑由一丛丛“树干”高举着一个个倾斜45°角的黄色的方盒子构成，远处看上去的确像生长在稠密建筑群中的一丛树林。而这一“丛”建筑是跨坐在一座桥上的，桥下原是Blaak河，填河后成为市中心的一条干道。

建筑下部由支杆撑起的方盒子房屋相互在顶角处连接，形成伸展开来的“树冠”，覆盖着低层贯穿整个“树干”间隙的公共空间。尽管开放集合住宅的下部空间作为公用并不少见，可Blom用“树状”住宅的支撑体形式处理这地段的确构思巧妙，不管这种想法是出自体验“巢居”，还是树木的模仿。首先它使建筑少占地面空间。位于功能多样、形式各异的高密度环境中，同时还要跨越道路，供建筑施展的空间十分有限，用“树干”向空中发展，与周围建筑相让而不是抢占，使得建筑在狭小基地内尽可能为城市留出活动空间。而且架空部分也为建筑本身提供丰富有趣的交往场所。从坡道到开放平台，而后由台阶至入户的半私密的小平台，公共空间因旋转了的方盒子住宅而生动多变。

如儿童积木般的造型和轻松的建筑色彩就足以吸引人了，奇特的建筑空间更是唤起人们的好奇心。其实从Blom玩弄形式的背后，依然能够看到他对于城市和社会的建筑思考。

Blom早年在阿姆斯特丹学院从师于Team 10的创始人之一冯·艾克（Aldo Van Eyck），他们共同的设计信念是“好建筑必出自于那些切合人们社会生活关系的构想”，这种信念常在他的住宅和社区建筑中反映出来。他说：“我一直反对Housing这个词（笔者：housing英语中有遮盖物，框架的意思），因为它使人想到的无非是一个顶子遮盖在人头顶上，但是住宅还应当包括邻里、街道、设施和住区环境氛围”。城市住宅是属于城市环境的，离开了环境也就失去了活力。

2．住宅——村落

最初Blom设计的一个“树状”建筑是1975年在荷兰的一个乡村集镇Helmond，1978年当鹿特丹市政当局请他也设计这样一个建筑，建在一座过街桥上，此桥连接的是一个综合住区与市中心，目的是想通过“树状”建筑活跃该地段。虽然由于工程预算原因，1982年才开始建造，1984年建成，但Blom的作品远超出了人们的预期，他用砖石混凝土做“树干”建造的建筑森林，吸引了世界各地的无数参观者。因为这个奇特的建筑不是一个玩具雕塑，它本身就是一个综合住区，除了38个家庭住在其中，另

1. 鹿特丹市中心老港口Blaak
2. 住宅下面的空间对城市开放
3. 建筑跨越城市道路
4. 从老港口Blaak看"树状"建筑
5. 社区充满生活气息
6. "以闹治闹"的"树状"建筑
7. 建筑单元示意图

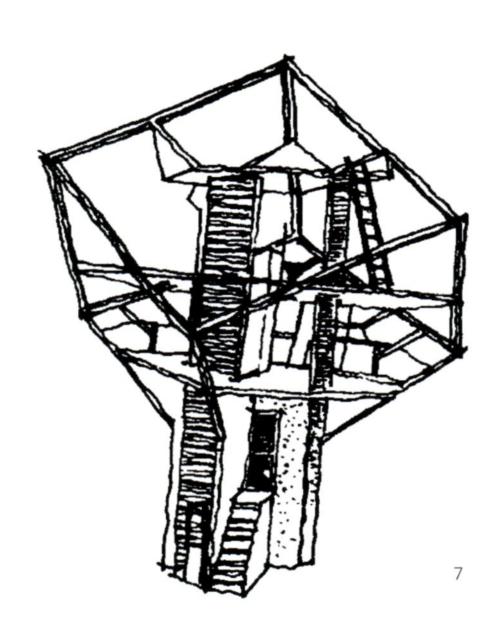

7

4

5

6

23个盒子单元分别属于一个学校和几家办公室。这里生活融洽，只是常有游客来此观光，以致他们不得不单独拿出一套住宅供人们参观。

Blom的想法是建造一个城市中心的"村落"，村落是最朴实的人类聚居模式。这就要使建筑成为"一个有活力的社区绿洲有机地与周围城市环境相连"，这里有小商业办公、零售店、学校、文化中心以及从住宅内就能看到的设在休闲层的儿童游戏场。Blom知道没有与外部的互动，住宅建筑不会成功，这是住区生活重要的部分。他成功地将居住、工作、购物、休闲相结合，不仅空间相互开放，功能也互相渗透，比如学校和办公。许多亲身体验过该建筑的人们惊诧，这种"树状"盒子建筑所能提供如此这般的生活方式。

当今的商品经济时代，建筑设计早已成为产品商业运作中的一个环节，任何形式的玩弄都无可非议，但形式的背后是要容纳生活。"树状"住宅是一个丰富城市景观的建筑，活跃环境和被人观赏是它的价值所在，形式本身就是建造的目的。它是一个戏剧建筑，游戏了建筑却丝毫没有失去建筑的真实性，在建筑师眼里，生活的真实是建筑永恒的生命。

3. 形式——空间

荷兰人善于利用空间是出了名的，他们能使建筑的边角空间的功能发挥到极至。为提供不同目的的使用，Blom设计了3种不同的盒子单元。用作住宅的单元有2层的和3层的两种，另有一种3层的单元作为公建。在小盒子单元中，真正的承重墙做在储藏室内，与其相邻的低层楼梯间由石头做成，而倾斜45°的方盒子表面用的是轻质墙。

好奇的人们总禁不住要看看这盒子里是如何住人的。在3层大的单元内，底面层被用作居住，在盒子的一个顶角上是厨房和餐厅，另一个角上是浴室和储藏空间，第三个角上是学习和工作角落。在中间一层有两个卧室，一个浴室和一个小过厅。在第三层最高的顶角上只有一个房间，它的窗是朝上开的。每一个盒子单元都有18个窗户和3个能看到独特景观的玄窗。住宅内的斜墙产生的动感以及透过窗户带入室内的不同视角景象，让人获得强烈的空间新奇感。

住宅室内的斜墙产生的动感和方向的模糊让人仿佛置身太空仓，除了新奇也许人们并不愿意安家于此。可是谁又敢肯定这不是未来的流行呢？

其实斜盒子住宅空间是否会流行并不重要，能在这样空间里探索居住的设计精神让我觉得可贵。外部形式与内部空间的一致是Blom的设计追求，在斜方盒子的内部安排好居住功能绝不是一件容易的事，家具必须按墙的倾斜度设计，室内各处及楼梯都要考虑人的尺度，即使墙上的画要倾斜悬挂也要保证空间的真实性。这里完全不是传统室内的概念，真正要从空间设计。

"树状"住宅也许只是Blom得到了一个机会游戏了一下建筑，然而在这样的建筑游戏中也能看到，住宅建筑的创新绝不只是形式的更新。

参考书目

1. Arnulf Luchinger, "Piet Blom: Clown amongst Architects", November 1985, Architecture and Urbanism.
2. Hans Ibelings, "20th Century Architecture in the Netherlands", NAI Publishers, 1995

作者单位：中国矿业大学建筑系

8

9

8. “树状”建筑局部外观
9. “树状”建筑局部外观
10. “树状”建筑局部外观
11. “树状”建筑局部外观
12. “树状”建筑局部外观

王永航 By Wang yonghang

绿色建筑评价体系内容简介

一、概述

2001年IFC/iiSBE秋季会议于2001年10月15日至18日在波兰华沙举行。来自澳大利亚、奥地利、巴西、加拿大、中国、丹麦、芬兰、法国、意大利、以色列、日本、韩国、荷兰、挪威、波兰、西班牙、南非、瑞典和美国等19个国家的31名GBC国际项目专家对《绿色建筑评价体系》（以下简称为GBT2001）进行了充分的研究与讨论。同时，与会各国代表还分别介绍了本国的绿色建筑研究与建没情况，并根据本国情况对GBT2001提出了许多建设性意见，会议最终讨论通过了GBT2001。我作为中国的唯一代表参加了此次会议，现将GBT2001基本内容介绍如下，供国内有关机构和研究人员参考。

二、GBT2001主要内容

（见右表）

评价项目	项目说明	项目权重
1、建筑物对资源的消耗	在GBT2001中，建筑物对资源的消耗包括能源的消耗、土地的利用与土地质量的变化、饮用水的净消耗、建筑材料的消耗以及3R材料的利用情况等。	20%
2、环境负荷	在GBT2001中，环境负荷是指建筑物在建设与运行全过程中，排放到环境中的各类污染物，包括气体、液体、固体污染物及建筑垃圾，酸雨问题，光氧化剂问题，NOx类物质的排放，有毒、有害污染物的排放，电磁污染情况以及周边环境的影响等内容。	25%
3、室内环境质量	在GBT2001中，室内环境质量是指建筑物内的空气质量与通风，热舒适度，采光与光污染防治水平及声学效果与噪声控制情况等。	20%
4、服务质量	在GBT2001中，服务质量是指建筑物的可改造性及对未来的适应性，包括设备控制系统，维护与管理，私密性与视觉景观，娱乐设施质量与公建配套情况等。	15%
5、全寿命周期的经济评价	在GBT2001中，对建筑物的全寿命周期的经济评价内容有所涉及，但各国分歧较大，评价内容尚处于研究讨论阶段。	10%
6、管理	在GBT2001中，对管理的评价主要是对建筑物在建设过程中的管理情况的评价，包括建设过程规划、设计，施工管理，建设文件的整理与归档，人员培训及售卖合同的订制等。	10%

三、结论

GBT2001仍在研究与完善之中。就目前情况而言，各国对其评价褒贬不一。美国、澳大利亚、法国等国的专家们认为：该评价体系太复杂，不易操作。而加拿大、芬兰、瑞典等国的专家则认为：该评价体系基本覆盖了绿色建筑需要评价的内容，可试用于实际工程的评价。以色列的专家认为：各国所拥有的各类资源丰富、稀缺情况不同，因此，评价体系中的权重应根据各国的具体情况而定，但GBT2001可供各国参考。我作为中国代表也在大会上发表了自己的意见，并介绍了我国绿色生态住宅小区的建设情况。与会的各国代表对中国的情况不太了解，但对我国进行的生态住宅小区建设，以及制订的《绿色生态住宅小区建设要点与技术导则》表示了赞赏　并表示如果条件允许，2003年的IFC/iiSBE国际会议希望能够在中国举行。这表明，我国的绿色生态住宅小区建设已初步得到了国际上的认可。

作者单位：建设部住宅业化促进中心

分　项　内　容	权重值
（1）能源的消耗　包括建筑物在全寿命周期内对各种能源的消耗，如建设建筑物所需的各种材料对能源的消耗（含制造与运输），项目自立项开始至建筑物报废后，用于建筑物的规划、设计、建设、运行、维护、保养及建筑废弃物的回收、运输、处理等所消耗的能源。	30%
（2）土地的利用与土地质量的变化　包括建筑物的用地情况，建筑物的净用地面积，开发用地区的生态价值的变化，开发用地区的农业价值的变化以及开发地区的娱乐价值的变化等。	20%
（3）饮用水的净消耗　包括建筑物在建设与运行全过程中对饮用水的消耗情况。	20%
（4）建筑材料的消耗　包括建筑物在建设与运行全过程中对所有建筑材料的消耗，含因地制宜、就地取材的材料使用情况。	15%
（5）3R材料的利用　包括建筑物在建设与运行全过程中，3R材料（特指可循环使用材料，可重复使用材料及可再生材料）的使用情况。	15%
（1）建筑材料生产过程中产生的环境负荷　包括建筑物在建设与运行过程中所需的各种建筑材料与产品，其在生产、制造及运输过程，排向环境中的各类污染的情况。	20%
（2）建设过程中的温室气体排放　包括建筑物在建设与运行过程中，向环境中排放的温室气体（特别是对臭氧层产生破坏作用）的情况。	15%
（3）酸雨问题　包括建筑物在建设与运行过程中，导致酸雨形成气体的排放情况。	10%
（4）光氧化剂问题　包括建筑在建设与运行过程中，由于光氧化剂的排放导致光污染的情况。	10%
（5）NOx类物质的排放　包括建筑物在建设与运行过程中，NOx类物质的排放情况。	5%
（6）固体废弃物的排放　包括建筑物在建设与运行过程中，各类固体废弃物的排放情况，包括生活垃圾各种建筑垃圾，以及建筑物报废后产生的不可回收的垃圾。	10%
（7）液体污染物的排放　包括建筑物在建设与运行过程中，排向环境中的各种液体污染物的情况，包括建设地点的生活污水的处理及雨水的收集与利用等。	10%
（8）有毒、有害污染的排放　包括建筑物在建设与运行过程中，各种有毒、有害污染物的排放情况。	5%
（9）电磁污染情况　包括建筑物在建设与运行过程中产生或受到的电磁污染情况。	5%
（10）对周边环境的影响　包括建筑物在建设与运行过程中，对周边环境的影响情况，含对开发地点的生态环境质量、周边建筑物通风、采光、日照、噪声、热辐射及视觉景观的影响。	10%
（1）空气质量与通风　包括建筑物室内的空气湿度控制，室内的污染物控制（如装修材料中的石棉含量，挥发性有机物的浓度，空气传播的污染物的含量，放射性强度，暖通空调系统的室外空气质量及暖通空调系统的空气过滤系统等），新风量及通风效果等。	30%
（2）热舒适度　包括建筑物室内的空气温度，相对湿度及空气对流速度等。	30%
（3）采光与光污染防治水平　包括建筑物室内的采光面积，人均采光面积，室内眩光控制及光污染防治等。	25%
（4）声学效果与噪声控制　包括建筑物外围的噪声滞留时间，建筑设备的噪声传递及室内噪声的相互干扰等。	15%
（1）建筑物的可改造性及对未来的适应性　包括建筑物的设备系统（如HVAC系统，照明系统，通讯系统等）对未来用途变化的适应性，建筑物结构对未来用途变化的适应性，建筑物层高对未来用途变化的适应性，建筑物楼板承载负荷对未来用途变化的适应性以及未来能源供应系统发生变化时的适应情况等。	25%
（2）设备控制系统　包括建筑物技术系统的控制，供热、制冷系统的控制，电梯运行控制情况等。	25%
（3）维护与管理　包括对易损坏设备、材料的保护，建筑物的日常维护与管理，应付突发事件的能力及建筑物运行情况的监控等。	25%
（4）私密性与视觉景观　包括卧室、起居室的私密性，主要起居与活动空间的视觉景观等。	25%
（5）娱乐设施质量与公建配套　包括居民与工作人员的休闲、娱乐场所的建设情况，停车场的面积及质量等。	0%
（1）建筑物全寿命周期的总成本评价	33%
（2）建设成本评价	33%
（3）运行与维护成本评价	33%

《城市空间环境设计》

建筑设计离不开建筑物所在的城市和周围的环境；离不开城市的主体——人。如果只考虑建筑物本身，而忽视其所在城市的人与环境等因素，是难以设计出理想的作品来的。即使个体建筑设计得多么美好，也不会有令人满意的效果。因此，我们深切感到城市设计的重要性以及建筑师掌握城市设计理论与方法的必要性。

作为城市设计的重要内容，城市空间环境设计是对城市环境形态三维空间所做的意想性创作。它的任务是将建筑物及其周围环境与人在其中活动的感受联系起来，并按照人的心理行为特点，创造舒适、安全、方便和优美的物质空间环境。在空间环境设计中体现了自然与人工、物质与精神、空间与时间、历史传统与现代生活等的结合，其成果有助于改善城市质量和景观效果。

为此，由北京市建筑设计研究院白德懋总建筑师著作的《城市空间环境设计》一书，从五个方面详细论述了城市空间环境设计的各个层面。如城市形象与空间布局；街道空间环境；广场空间环境；居住区空间环境；城市的更新与发展等。作者试图从理论和实践两个方面，反映城市规划、设计和建设中客观存在或潜在的问题，用国内外实例分析其成功和欠缺的经验，供读者讨论、参考。

该图书已由中国建筑工业出版社出版，定价 40 元。

中国建筑工业出版社网址：http://www.china-abp.com.cn

中国建筑工业出版社网上书店：http://www.china-building.com.cn

《住区设计与施工质量通病提示》

目前，我国住宅建设已转入新的时期，全面提高住宅质量是当务之急。住宅质量的保障体系需要政策的支持和社会多方面的通力合作。

为配合中央即将颁布的有关住宅质量验收标准的贯彻和执行，建设部住宅产业促进中心针对住宅建设中普遍存在的相关质量问题，组织专家学者共同研究、编写了《住区设计与施工质量通病提示》一书。

全书涉及住宅建设的全过程，包括住宅设计、住宅建筑工程施工、设备安装（暖卫、燃气、空调等）、住宅电气工程施工等方面，并从住宅的功能、安全、寿命、美观等方面入手找出问题，写出"诊断书"。本书对设计单位和施工单位在住宅建设中可能出现的问题起到防微杜渐的作用，是本很好的指导性图书。

该图书已由中国建筑工业出版社出版，定价 32 元。

中国建筑工业出版社网址：

http://www.china-abp.com.cn

中国建筑工业出版社网上书店：

http://www.china-building.com.cn

（此联与汇款凭证留底备查）

订阅单位					经办人	
单　价	25 元	年价	100 元	份数		
合　计	万　仟　佰　拾　元				汇款日期	年　月　日

户　名:北京建筑书苑技术发展公司

开户银行:北京市商业银行甘家口支行　　**银行帐号**：500120105195109

订购回执（务请将下面回执填写清楚后传真或寄回本编辑部）

订阅单位			收 件 人	
详细地址			邮政编码	
金额	人民币（大写）	万　仟　佰　拾　元	订阅份数	年　份
	支付方式	邮局汇款（　）　银行转帐（　）	汇款日期	
联系电话及传真			备　注	

（如需报销请在备注栏说明）